Rump

Gift-, Chemie- und Brandunfälle

Alexis F. E. Rump

Gift-, Chemie- und Brandunfälle

Toxikologie für Notärzte, Rettungsdienst, Feuerwehr und Katastrophenschutz

Mit 22 meist mehrfarbigen Abbildungen und 60 Tabellen

Schattauer Stuttgart New York

Privatdozent Dr. med. Alexis F.E. Rump
Klinik für Anästhesiologie
der Rheinisch-Westfälischen Technischen
Hochschule Aachen
Pauwelsstr. 30, 52074 Aachen

Die Deutsche Bibliothek –
CIP Einheitsaufnahme

Rump, Alexis F. E.:
Gift-, Chemie- und Brandunfälle :
Toxikologie für Notärzte, Rettungsdienst,
Feuerwehr und Katastrophenschutz ;
mit 60 Tabellen / Alexis F. E. Rump –
Stuttgart ; New York : Schattauer, 1999
ISBN 3-7945-1893-4

ISBN 3-7945-1893-4

Lenzhalde 3, D 70192 Stuttgart, Germany
Internet: http://www.schattauer.de
Printed in Germany

Lektorat: Dr.med. Thomas Wolffgram
Layout und Umschlaggestaltung: B. Burkart
Graphiken: N.Baasner,
Satz: Mitterweger Werksatz GmbH
Druck und Einband:
Druckhaus „Thomas Müntzer“ GmbH,
Neustädter Straße 1–4,
99947 Bad Langensalza

Gedruckt auf chlor- und säurefrei gebleichtem Papier.

Geleitwort

Unübersehbar hat sich die industrielle Landschaft in Mitteleuropa verändert: Von Kohle und Stahl ging der Schwerpunkt besonders auch in Deutschland über auf andere Industriezweige, allen voran die chemische und chemisch-pharmazeutische Industrie.

Parallel dazu wurde die Öffentlichkeit seit einer Reihe von Jahren von zahlreichen Zwischenfällen, vom „Störfall" bis zur „Katastrophe" aufgeschreckt. Allen diesen Situationen war gemeinsam, daß häufig, zu häufig anfänglich bei Betreibern wie bei den Verantwortlichen für öffentliche Sicherheit und auch bei allen an der Gefahren-Evaluierung und -Eindämmung Beteiligten große Unsicherheit bis hin zu Ratlosigkeit herrschte, die spätestens seit SEVESO, BHOPAL oder dem LONDONER U-BAHN-BRAND – um nur einige wenige zu nennen – evident ist.

Es sind im wesentlichen drei Fragen, die sich oftmals nicht ad hoc befriedigend beantworten lassen. Erstens: Welche chemische Substanz, respektive Substanzen, wurden freigesetzt? – Zweitens: Ist die zunächst oft nur geschätzte oder exakt gemessene Konzentration für Mensch und Tier gesundheitsgefährdend oder gar lebensbedrohend? – Und drittens: Was ist im Rahmen der Ersten Hilfe und des Rettungsdienstes zu tun, beziehungsweise was ist zu unterlassen?

Im Oktober 1996 führte die „Schutzkommission beim Bundesminister des Inneren" in ihrem aktuellen „Gefahrenbericht" hierzu unter anderem aus:

Die Freisetzung und Verbreitung gefährlicher Chemikalien, die in Deutschland in großen Mengen als Zwischen- oder Fertigprodukte hergestellt, gelagert und transportiert werden, kann zur akuten oder chronischen Gefährdung vieler Menschen, aber auch der Umwelt führen... Die Gefahren, die durch mögliche Freisetzung von Chemikalien entstehen, können durch optimale Vorsorge eingedämmt werden. Alle Maßnahmen, die zur Kalkulierbarkeit des Risikos und zur Abwehr von Gefahren beitragen, werden den Chemiestandort Deutschland fördern und langfristig sichern helfen.

Zweifelsohne besteht also hier ein – immer wieder neues – toxikologisches Gefahrenpotential, dem wir aus Sicht der Ersthelfer und des Rettungsdienstes noch keineswegs ausreichend gewappnet gegenüberstehen.

Dem Autor ist deshalb ganz besonders zu danken, daß er sich dieses wichtigen Themas angenommen hat und in seinem hier vorliegenden Buch das zwingend notwendige toxikologische Know-how in pragmatisch und didaktisch geschickter Weise mit der praktischen präklinischen Notfallmedizin verbunden hat.

Dr. Volker Grabarek
Generalstabsarzt a.D.
DRK Bundesarzt
Lehrbeauftragter für Katastrophenmedizin
der L.M.U. München

Inhaltsverzeichnis

Teil I
Prinzipien der Therapie akuter Vergiftungen

Die Vielzahl der Stoffe, die zu Vergiftungen führen können, ist kaum zu überblicken. Daher kann von Ärzten oder anderen Berufsangehörigen des Rettungsdienstes nicht erwartet werden, daß sie die spezifischen toxikologischen Eigenschaften aller Stoffe kennen. Im präklinischen Bereich liegen darüber hinaus oft auch nur unzureichende Angaben zur Art des Giftes, zur Dosis oder zur Expositionsintensität vor. Eine spezifische Behandlung ist auch nur in wenigen Fällen absolut indiziert (z.B. Blausäure-Intoxikation). Wichtig ist daher die Kenntnis der allgemeinen Prinzipien der Therapie akuter Vergiftungen. Diese sind überschaubar und recht einfach. Am Anfang steht die **Bergung aus dem Gefahrenbereich** und die **Dekontamination**. Grundlegend ist die **Erhaltung der Vitalfunktionen** (Freihalten der Atemwege, Beatmung, Aufrechterhaltung ausreichender Kreislaufverhältnisse, evtl. Maßnahmen der kardiopulmonalen Reanimation). Am Anfang der spezifisch toxikologischen Maßnahmen steht die primäre **Giftelimination**. Darunter versteht man alle Maßnahmen zur Verhinderung der weiteren Resorption des Giftes. Sind bereits größere Giftmengen resorbiert worden, kann versucht werden, die Elimination des Giftstoffes zu beschleunigen. Die entsprechenden Maßnahmen fallen unter den Begriff der sekundären Giftelimination. Dazu ist immer die Kenntnis der Art des Giftes notwendig. Auch bei der **Antidot-Therapie**, der vierten Grundsäule der Therapie akuter Vergiftungen, muß das inkorporierte Gift bekannt sein.

1. Bergung und Dekontamination

Bei den relativ häufigen suizidalen oder akzidentellen **Intoxikationen im Haushalt** wird der Rettungsdienst mit einzelnen Patienten konfrontiert, deren **Behandlung** nach Möglichkeit **bereits vor Ort**, in der Wohnung oder im Rettungswagen eingeleitet werden sollte (z.B. Tablettenintoxikation). Eine Kontamination der Umgebung mit toxischen Flüssigkeiten oder Gasen bzw. Dämpfen (z.B. umgekippter Insektizid-Behälter) kommt dagegen relativ selten vor. In diesen Fällen muß der Patient vor der Behandlung erst aus dem Gefahrenbereich geborgen werden. Auch bei größeren Schadensfällen **(Brände, Chemieunfälle)** steht am Anfang der Rettungskette die **Bergung aus dem Gefahrenbereich**. Personen, die der Einwirkung toxischer Gase/Dämpfe, Aerosole oder Flüssigkeiten ausgesetzt sind, müssen, um die Exposition zu begrenzen, schnellstmöglich aus dem Gefahrenbereich geborgen werden. Dies ist eine Aufgabe der Feuerwehr. Bei Bränden oder Chemieunfällen erfolgt die Bergung unter Verwendung schwerer Atemschutzgeräte, evtl auch mit Hilfe von Chemieschutzanzügen. Eine Behandlung der Verletzten im Gefahrenbereich findet normalerweise nicht statt.

An einer Verletztensammelstelle außerhalb des Gefahrenbereichs sollte – falls notwendig – unter Beachtung des Selbstschutzes eine **Dekontamination durch Entfernen der Kleidung und Waschen mit reichlich Wasser und Seife** durchgeführt werden. Hierdurch wird eine Verschleppung giftiger Stoffe vermieden. Diese Maßnahmen dienen bereits auch der Verhinderung einer weiteren Resorption des Giftes über die Haut und die Atemwege.

2. Sicherung der Vitalfunktionen

Bei jedem Notfallpatienten beginnen die weiteren Maßnahmen mit der **Kontrolle der Vitalfunktionen** (Bewußtseinslage, Spontanatmung, Puls, Blutdruck). Dies erlaubt eine **Abschätzung der Behandlungsdringlichkeit** (Triagex = Sichtung). Score-Systeme erlauben eine Quantifizierung des Zustandes des Patienten.

Bei **Herz-Kreislaufstillstand** wird unverzüglich mit der **kardiopulmonalen Reanimation** begonnen. Die Maßnahmen unterscheiden sich nicht von denjenigen bei einem Herz-Kreislaufstillstand anderer Ursache (z.B. Herzinfarkt). Nur in wenigen Fällen sind zusätzliche Maßnahmen wie die Gabe eines Gegenmittels (Antidotgabe) absolut indiziert: Intoxikationen mit 1. Cyaniden, 2. Methämoglobinbildnern, 3. Alkylphosphaten. Die Antidotgabe erfolgt hier immer zusätzlich, und nicht alternativ, zur kardiopulmonalen Reanimation.

Bewußtlose Patienten, die einer kardiopulmonalen Reanimation nicht bedürfen, sollten zur Aspirations-Prophylaxe in die **stabile Seitenlage** gebracht werden. Vorzugsweise sollten bewußtlose Patienten allerdings endotracheal intubiert werden. Da Notfallpatienten wegen des meist nicht sicher bekannten Zeitpunktes der letzten Nahrungs- bzw. Flüssigkeitsaufnahme immer als nicht-nüchtern gelten, sollte wenn möglich eine Blitzintubation ohne Masken-Zwischenbeatmung erfolgen. Bei Intubationsschwierigkeiten und Zeichen einer Hypoxämie (zyanotische Verfärbung des Patienten mit bläulichen Lippen) ist aber eine Maskenbeatmung (100% O_2) unumgänglich. Die Aspirationsgefahr muß in Kauf genommen werden. Tief bewußtlose Patienten können ohne vorherige Gabe eines i.v. Narkotikums intubiert werden. Ansonsten empfiehlt sich vor dem Einführen des Laryngoskopes eine Injektion von z.B. Etomidate (20 mg i.v.). Falls notwendig kann zur Intubation das kurzwirksame Muskelrelaxans Succinylcholin (1 – 1,5 mg/kg KG i.v.) verabreicht werden. Die Gabe von längerwirksamen nicht-depolarisierenden Muskelrelaxantien sollte im präklinischen Bereich erst nach gesicherter (Thoraxexkursionen) erfolgreicher Intubation stattfinden (z.B. Vecuronium, Norcuron®, 0,1 mg/kg). In diesen Fällen ist der relaxierte Patient auch zu sedieren (z.B. mit Diazepam 5–10 mg i.v.).

Bei bewußtseinsklaren, erst recht aber bei bewußtseinsgetrübten oder gar komatösen Patienten sollte möglichst umgehend ein **intravenöser Zugang** in Form einer sicher plazierten Verweilkanüle gelegt werden. Bei suizidalen oder akzidentellen Intoxikationen sollten die Patienten grundsätzlich einer stationären Überwachung zugeführt werden. Art und Ausmaß der Intoxikation sind vor Abschluß der Resorption schwer einzuschätzen und die Angaben von Patienten und Angehörigen mit Vorsicht zu bewerten.

Bei größeren Schadensfällen sollte bis zur Klärung des Gefährdungspotentials dafür gesorgt werden, daß exponierte Personen sich nicht unerlaubt von den **Sammelstellen** entfernen. Bei möglicher **Inhalation von Reizgasen** ist für die **Beschaffung ausreichender Mengen von Glucocorticoid-Dosieraerosolen** zu sorgen (z.B. bei Wohnungsbränden). Diese sind frühzeitig zu verteilen und die reizgasexponierten Personen sollten in allgemeinverständlicher, eindringlicher Weise über die Gefahr eines toxischen Lungenödems nach symptomarmer Latenzzeit aufgeklärt werden.

3. Primäre Giftelimination

Nach Sicherung der Vitalfunktionen, bzw. Ausschluß einer Beeinträchtigung derselben, sowie nach gegebenenfalls erfolgter Intubation und Anlage eines venösen Zugangs, sind Maßnahmen zur Verhinderung einer weiteren Giftresorption zu treffen (primäre Giftelimination). Diese decken sich bei inhalativer und kutaner Giftexposition mit den Maßnahmen der Dekontamination. Sie sind umso effektiver, je schneller sie nach Beginn der Exposition, oder nach Ingestion, durchgeführt werden.

Bei giftigen Gasen, Dämpfen oder Aerosolen wird bereits durch die **Bergung aus der giftigen Atmosphäre** einer weiteren inhalativen Resorption entgegengewirkt. Bei Einwirkung von Giftstoffen auf die Haut wird durch **Entfernung durchtränkter Kleidung und Waschen mit reichlich Wasser und Seife** eine weitere perkutane Resorption verhindert. Tropfen giftiger Stoffe auf der Haut sollten nach Möglichkeit zunächst abgetupft werden, falls verfügbar unter **Anwendung von Polyäthylenglykol** (Lutrol®). Es handelt sich um einen hygroskopischen Stoff, der der Haut Wasser und hierdurch indirekt Gift entzieht. Bei **Einwirkung von Giftstoffen auf die Augen** ist eine rasche **Spülung mit viel Wasser** bei passiv offen gehaltenen Augenlidern notwendig.

Bei Einwirkung von Säuren oder Laugen sollte die ätzende Substanz (z.B. Salzsäure, Löschkalk) schnellstmöglich durch Spülen mit viel Wasser verdünnt werden. Diese Maßnahme dient streng genommen nicht der primären Entgiftung, sondern hauptsächlich der Vermeidung lokaler Verätzungen. Auf das zeitraubende Suchen nach neutralisierenden Zubereitungen, die gegebenenfalls durch Wärmeentwicklung der neutralisierenden Reaktion eine zusätzliche thermische Schädigung der Haut verursachen können, sollte zugunsten einer raschen Verdünnung verzichtet werden.

Im Rettungsdienst liegt in den meisten Fällen eine orale Giftaufnahme vor. Bei **oraler Giftaufnahme** kommt die **Anwendung von Aktivkohle zur Adsorption**, sowie die **Magenentleerung** durch Erbrechen oder Magenspülung zur Anwendung. Wegen der bei Intoxikationen häufig beobachteten Atonie des Magen-Darm-Trakts können Maßnahmen der primären Giftelimination auch noch viele Stunden nach Giftaufnahme sehr wirksam sein.

3.1. Aktivkohle

Die erste und **wichtigste Maßnahme der primären Giftelimination** ist die Gabe von Aktivkohle. Es handelt sich um poröse Kohlezubereitungen mit einer sehr großen Oberfläche (ca. 1.500 m^2/g Kohle). In Deutschland stehen mehrere Fertigarzneimittel zur Verfügung (Kohle Hevert, 150 mg/Tabl.; Kohle-Tabletten Boxo Pharm 250 mg/Tbl.; Kohle Pulvis, Köhler, Schraubdose 10 g).

Durch die Aktivkohle wird das aufgenommene Gift im Magen-Darm-Trakt adsorbiert, und eine weitere Resorption zunächst verhindert. Es handelt sich um die wichtigste Maßnahme der primären Giftelimination, die sich in verschiedenen Untersuchungen als wirksamer als die Magenentleerung erwiesen hat. Wichtig ist es, eine ausreichende Adsorptionskapazität herzustellen, d.h. die Aktivkohle muß in ausreichender Dosierung appliziert werden. Aktivkohle sollte mindestens in 10fachem Überschuß zur Giftmenge gegeben werden. Zur ausreichenden Adsorption von 10 mg Digoxin sind 100 mg Aktivkohle, zur Adsorption von 10 g Paracetamol allerdings bereits 100 g Aktivkohle notwendig. Die teilweise empfohlene Dosierung von 50 Kohle-Kompretten, entsprechend 12,5 g, kann daher einer Unterdosierung entsprechen. Die Dosierungsempfehlung von 0,5 – 1,0 g/kg KG, entsprechend 140 bis 280 Kompretten bei 70kg Körpergewicht, wird im Notfall allerdings an der Verfügbarkeit oder dem Widerstand des Patienten scheitern. In Wasser gelöste Aktivkohle kann auch beim bewußtlosen und intubierten Patienten über eine Magensonde oder einen Magenschlauch (z.B. nach der Magenspülung) verabreicht werden.

Die Adsorption von Gift an Aktivkohle ist allerdings noch nicht gleichbedeutend mit der Giftelimination aus dem Organismus. Zur **Beschleunigung der Elimination über die Fäces** wird daher die **zusätzliche Gabe von Laxantien** empfohlen. Häufig verwendet wird Glaubersalz ($NaSO_4$). Natriumsulfat gehört zu den salinischen Abführmitteln, die über einen osmotischen Gradienten einen Wassereinstrom ins Darmlumen verursachen. Es kann über Apotheken bezogen werden. Glaubersalz wird nicht als Fertigarzneimittel gehandelt. Empfohlen werden 10 – 30 g in ca. 250 – 500 ml Wasser (2 Eßlöffel in einem Wasserglas). Kinder erhalten eine geringere Dosierung (ca. 0,25 g/kg KG). Statt Glaubersalz kann auch Sorbit angewendet werden (30 – 50 g/200 ml Wasser). Die Gabe von Rizinusöl ist kontraindiziert, da die Resorption fettlöslicher Stoffe dadurch beschleunigt werden kann. Inwieweit die therapeutische Wirksamkeit von Aktivkohle durch die zusätzliche Gabe eines Laxans erhöht wird, ist fraglich. Derzeit gehört die Gabe von Laxantien allerdings weiterhin zum Standard bei der Therapie akuter Intoxikationen. Nicht empfehlenswert ist die noch häufig empfohlene Gabe von Paraffinöl nach Ingestion organischer Lösungsmittel. Die Wirksamkeit dieser Maßnahme zur Resorptionsminderung wurde nicht belegt. Andererseits wurden nach Paraffinaspiration schwere Pneumonien beschrieben, insbesondere nach dem gewaltsamen Einflößen bei Kindern.

3.2. Magenentleerung

Zu den weiteren Maßnahmen der primären Giftelimination gehört die Magenentleerung. Zum pharmakologisch-induzierten Erbrechen eignet sich insbesondere **Sirupus ipecacuanhae**. Der Sirup kann in Apotheken hergestellt werden nach einem **Rezept, das vom Bundesinstitut für gesundheitlichen Verbraucherschutz und Veterinärmedizin (BgVV) empfohlen worden ist**:

Ipecacuanhafluidextrakt	5,500 g
Glycerol 85%	10,000 g
p-Hydroxybenzoesäurepropylester	0,025 g
p-Hydroxybenzoesäuremethylester	0,075 g
Zuckersirup	84,400 g

Als **Fertigpräparat** steht Sirup ipecac unter dem Handelsnamen Orpec® zur Verfügung (Orion-Pharmazeutika, Extr. Fl. Ipecac respond. Tot. Alcaloid 30 mg und Glycerol 950 mg in 10 ml). Empfohlen werden bei Kleinkindern bis 18 Monaten 10 ml, bei Kindern von 18 Monaten bis 5 Jahren 15 ml und bei größeren Kindern 30 ml. Kleinkinder erhalten 2 Teelöffel, Schulkinder und Erwachsene 2 Eßlöffel Sirup. Im Anschluß sollten 100 – 200 ml Flüssigkeit (Wasser) verabreicht werden.

Das **Erbrechen setzt meist nach 15 bis 30 min ein**. Wurde nach 30 min nicht erbrochen, kann die Hälfte der Initialdosis nochmals gegeben werden. Dabei ist allerdings die **Eigentoxizität von Emetin**, dem pharmakologisch-aktiven Inhaltsstoff von Sirup ipecac zu berücksichtigen. Neben einer **Irritation des Gastrointestinaltraktes** wirkt Emetin **kardiotoxisch** und kann Tachykardien verursachen. Weiterhin kann durch Angriff an den neuromuskulären Endplatten eine länger andauernde Muskelschwäche hevorgerufen werden. Nach Gabe einer einmaligen Dosis von Sirup ipecac ist mit relevanten toxischen Wirkungen nicht zu rechnen.

Wenn nach wiederholter Gabe von Sirup ipecac der Patient nicht erbrochen hat, muß eine Magenentleerung durch Magenspülung zur Entfernung des Sirups durchgeführt werden.

Pharmakologisch-induziertes Erbrechen kann weiterhin durch **Apomorphin** induziert werden (0,1 mg/kg KG i.m. oder s.c., maximal 10 mg, Apomorphin Teclapharm Amp, 10 mg/ml). Apomorphin wirkt durch Stimulation zentraler Dopamin-Rezeptoren. Das Erbrechen erfolgt wenige Minuten nach wahlweise subkutaner oder intramuskulärer Applikation. Apomorphin verursacht eine ausgeprägte Hypotension, daher muß simultan Norfenefrin (Novadral®, 10 mg i.m.), ein alpha-Sympathomimetikum, verabreicht werden. Apomorphin und Norfenefrin können in einer Mischspritze aufgezogen und gemeinsam injiziert werden. Die Apomorphin-Wirkung kann durch Morphinantagonisten aufgehoben werden (Naloxon: 0,01 mg/kg KG i.v.). Apomorphin besitzt darüber hinaus zentral-depressive Wirkungen, die eine durch die vorliegende Intoxikation bewirkte Atemdepression potenzieren kann. Im Vergleich zu Sirup ipecac ist Apomorphin als Mittel der ferneren Wahl einzustufen. Abzusehen ist auch von der Anwendung konzentrierter Kochsalz-Lösungen, die durch Reizung der Magenschleimhaut Erbrechen induziert. Dabei besteht die Gefahr von Kochsalz-Intoxikationen, insbesondere bei Kindern.

Als Alternative zum pharmakologisch induzierten Erbrechen kommt zur Magenentleerung die **Magenspülung** in Frage. Diese erfolgt nach Einfuhrung eines möglichst dicken Magenschlauchs (Schlauchdurchmesser bei Erwachsenen: 18 mm; Länge im Körper: Nasenwurzel bis Epigastrium + 1 Handbreite). Die **richtige Lage des Magenschlauchs** muß vor der Instillation von Spülflüssigkeit überprüft werden (Auskultation über dem Epigastrium beim Einblasen von Luft mit einer Spritze). Die Magenspülung sollte vorzugsweise in Seitenlage und Kopftieflage durchgeführt werden. Der **Mageninhalt** wird zunächst abgesaugt und für weitergehende **toxikologische Untersuchungen** asserviert. Auch die erste Spülflüssigkeit sollte asserviert werden. Die eigentliche Magenspülung erfolgt durch **Applikation von** körperwarmem Leitungswasser oder besser **physiologischer Kochsalz-Lösung in Portionen** von 200–300 ml (Kinder: ca. 150 ml, Säuglinge: 50–100 ml). Größere Volumina sollten nicht verwendet werden, da ansonsten der Mageninhalt aus dem Magen in das Duodenum gespült würde. Bei Kindern ist vorzugsweise physiologische Kochsalzlösung zu verwenden, wobei die applizierten Volumina dem Gewicht anzupassen sind. Bei der Instillation der Spülflüssigkeit sollte der **Trichter ca. 30 cm über dem Niveau des Magens** gehalten werden. Durch **Absenken des Magenschlauches** wird die **Spülflüssigkeit dann aus dem Magen (z.B. in einen Eimer) abgelassen** und der Spülvorgang solange wiederholt bis die Spülflüssigkeit klar ist (insgesamt 10–60 l Spülflüssigkeit).

Bei der präklinischen Behandlung ist die **Gabe ausreichender Mengen Aktivkohle** die einfachste und wichtigste Maßnahme der primären Giftentfernung. Darüberhinaus kann auch schon Sirup ipecac verabreicht werden, um das Zeitintervall zwischen Ingestion und Magenentleerung möglichst kurz zu halten. Eine Magenspülung im präklinischen Bereich ist generell, insbesondere bei kurzen Fahrzeiten zum nächsten Krankenhaus, nicht zu empfehlen. Nach Ankunft **in der Klinik** bzw. Notfallaufnahme wird die **Magenentleerung durch Magenspülung** im Regelfall das schnellste Verfahren darstellen. Bei ungenügender technischer bzw. personeller Ausstattung oder fehlender Erfahrung mit der Magenspülung sollte allerdings auch im klinischen Bereich der Gabe von Sirup ipecac der Vorzug gegeben werden. Die Magenentleerung ist keinesfalls eine Garantie für eine vollständige Giftentfernung. Es muß davon ausgegangen werden, daß auch nach dem Erbrechen oder der Magenspülung substantielle Giftmengen im Gastrointestinaltrakt verblieben sind. Daher muß **nach der Magenentleerung nochmals Aktivkohle und anschließend auch ein Laxans** verabreicht werden.

Vor der Magenentleerung durch pharmakologisch-induziertes Erbrechen oder Magenspülung sind folgende – z. T. relative – Kontraindikationen zu beachten:

- Bei **Bewußtseinsstörungen** besteht die besondere Gefahr der Aspiration von Erbrochenem bzw. Spülflüssigkeit. Eine Magenspülung ist jedoch nach Intubation des Patienten möglich. Der Intubationsvorgang selbst ist allerdings auch mit einem erhöhten Aspirationsrisiko verbunden und sollte daher als Blitz-Intubation gestaltet werden.
- Nach **Ingestion schäumender Substanzen** (Hand-Geschirrspülmittel, Badeschaum) ist die Gabe eines Entschäumers (Dimeticon = sab simplex®) indiziert. Eine Magenentleerung ist wegen der Aspirationsgefahr kontraindiziert und wegen der geringen Toxizität der meisten Stoffe auch unnötig.
- Eine noch höher einzuschätzende Aspirationsgefahr besteht nach **Ingestion organischer Lösungsmittel**. Die pulmonale Toxizität ist dabei meist höher zu veranschlagen als die systemische Toxizität. Nur für den Fall einer hohen systemischen Toxizität des aufgenommen Giftes darf und muß diese Regel durchbrochen werden. Dies ist auch eine Frage der aufgenommenen Giftmenge. Bei akzidentellen Vergiftungen bei Kindern kann im Regelfall davon ausgegangen werden, daß die aufgenommenen Mengen wegen des schlechten oder brennenden Geschmacks gering sind (1 Schluck entspricht einer Menge < 1 ml/kg). Eine Magenentleerung ist in den meisten Fällen daher nicht indiziert. Wurden organische Lösungsmittel bei einer suizidalen Handlung aufgenommen, muß evtl. mit wesentlich größeren Mengen gerechnet werden. Hier ist im Einzelfall eine Magenentleerung indiziert. Diese kann nach Intubation des Patienten durch Magenspülung erfolgen. Soll die Magenentleerung am wachen, nicht intubierten Patienten stattfinden, ist die Gabe von Sirup ipecac möglicherweise zu bevorzugen, da vermutlich das pharmakologisch-induzierte Erbrechen mit einer geringeren Aspirationsgefahr verbunden ist als die Magenspülung beim wachen Patienten.
- **Absolut kontraindiziert sind Maßnahmen zur Magenentleerung nach Ingestion ätzender Substanzen** (starke Säuren oder Laugen, im Haushalt Rohrreiniger, Maschinen-Geschirrspülmittel, die ätzende Natrium-Metasilikate enthalten). Wichtigste Maßnahme ist die frühzeitige Gabe von reichlich Flüssigkeit zur Verdünnung des Ätzgiftes. Da die Wand von Ösophagus, Magen und Darm innerhalb von Sekunden bis Minuten geschädigt wird, muß die Flüssigkeitsgabe so rasch wie möglich erfolgen, und eine entsprechende Empfehlung ist ggfl. schon bei der telefonischen Konsultation auszusprechen. Dabei ist zu berücksichtigen, daß auch bei Intoxikationen mit anderen Stoffen, das Trinken von klarem Wasser meist keinen Behandlungsfehler darstellt. Es ist allerdings zu berücksichtigen, daß die pH-Verschiebung durch Verdünnung von der aufgenommenen Säure- oder Laugenmenge abhängig ist. Größere Mengen werden meist im Rahmen von suizidalen Handlungen aufgenommen. Nach Ingestion von 50 ml einer alkalischen Lösung mit pH = 14, wird durch Zufuhr von 450 ml neutrales Wasser der pH auf 13 reduziert. Um den pH weiter auf 12 zu reduzieren werden 4950 ml Wasser benötigt. Eine ausreichende Neutralisation durch Verdünnung allein ist in solchen Fällen nicht praktikabel. Daher empfiehlt es sich, in den Fällen in denen hochkonzentrierte Lösungen in größeren Mengen aufgenommen worden sind, nach Gabe von reichlich Flüssigkeit, den Mageninhalt über eine weiche Magensonde abzusaugen. Eine Magenspülung über einen dicken Schlauch, oder provoziertes Erbrechen, bleiben auf jeden Fall auch in diesen Fällen kontraindiziert.

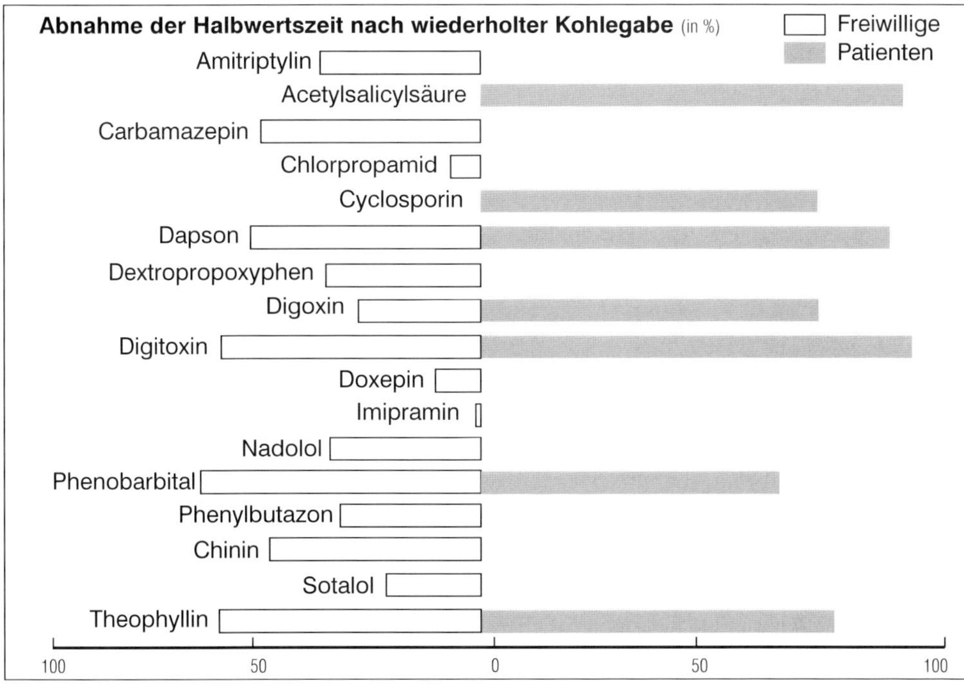

Abb. 1: Abnahme der Eliminationshalbwertszeit verschiedener Pharmaka (%) durch repetitive Gabe von Aktivkohle bei Probanden (offene Balken) und Patienten (schwarze Balken). Quelle: Wyss (1992)

4. Sekundäre Giftelimination

Nach Resorption des Giftes kann versucht werden, seine Elimination zu beschleunigen. Dies setzt die Kenntnis der Identität des Giftes voraus. Die meisten Maßnahmen der sekundären Giftelimination sind körperlich belastend und sollten daher nicht routinemäßig, sondern nur bei schweren Verläufen durchgeführt werden.

4.1. Unterbrechung eines enterohepatischen Kreislaufs

Einige Gifte werden über die Leber und Galle in den Darm ausgeschieden und von dort nochmals resorbiert. Dieser enterohepatische Kreislauf kann **durch repetitive Gabe von adsorbierenden Stoffen** (Aktivkohle: 20 g alle 4 h) unterbrochen und die Giftelimination somit beschleunigt werden. Das Verfahren wurde auch als „gastrointestinale Dialyse" bezeichnet. Ein enterohepatischer (oder enteroenteraler) Kreislauf wurde nachgewiesen z.B. für Digitoxin (Cholestyramin sollte gegenüber Aktivkohle bevorzugt werden), Carbamazepin, trizyklische Antidepressiva, aber auch Phenobarbital **(s. Abb. 1)**. Auch Thallium unterliegt einem enteroenterischen Kreislauf, der durch Gabe von Berliner Blau (Antidotum Thallii Heyl) unterbrochen werden kann. Es handelt sich dabei um einfache, wenig belastende Detoxikationsmaßnahmen.

4.2. Forcierte Diurese

Die **Elimination von bevorzugt renal ausscheidbaren Giftstoffen** kann **durch Steigerung des Harnflußes** verbessert werden. Angestrebt wird eine Diurese-Steigerung von normalerweise 0,5 – 2,0 ml/kg KG/h **auf 3,0 – 6,0 ml/kg KG/h,** entsprechend einer Urinausscheidung von 10 – 20 l/Tag. Dies wird durch Gabe entsprechender Flüssigkeitsmengen in Form von Infusionen und nach Bedarf durch

Gabe von **Diuretika** (Schleifendiuretika, z.B. Furosemid) erreicht. Darüber hinaus kann die Elimination von schwachen Säuren durch Alkalisierung des Urins gesteigert werden. Der Dissoziationsgrad der schwachen Säure nimmt dadurch zu und die Rückresorption aus dem Primärharn durch die Tubulimembranen ins Blut wird reduziert. Eine **Harnalkalisierung** wird durch Gabe von Natriumbicarbonat ($NaHCO_3$) erreicht. Zur Berechnung der zu applizierenden Menge, geht man von neutralen Verhältnissen aus und strebt einen Basenüberschuß (BE) von +10 mval/l an (ml $NaHCO_3$ 8,4% = BE x 0,3 x kg Körpergewicht). Zur beschleunigten Elimination einer schwachen, renal eliminierten Base kann nach dem gleichen Prinzip der Harn durch Gabe von Ammoniumchlorid (NH_4Cl) oder Arginin-hydrochlorid angesäuert werden. Obwohl das Prinzip der forcierten Diurese einfach ist, handelt es sich dabei um einen massiven Eingriff in den Wasser- und Elektrolythaushalt, der nur bei schweren Vergiftungsverläufen gerechtfertigt erscheint. Eine forcierte Diurese sollte **immer auf einer Intensivstation unter regelmäßiger Kontrolle der Kreislaufparameter** – vorzugsweise einschließlich zentralvenösem Druck (ZVD), oder engmaschiger Körpergewichtskontrolle – durchgeführt werden. Die Möglichkeit, jederzeit Laboruntersuchungen zur Beurteilung des Elektrolythaushalts durchzuführen, muß gegeben sein. Eine Kontraindikation für eine forcierte Diurese mit Infusion größerer Flüssigkeitsmengen besteht bei Niereninsuffizienz, aber auch bei Herzinsuffizienz (Gefahr eines Lungenödems durch Linksherzdekompensation), sowie bei Hirnödem und nach Krampfanfällen.

4.3. Extrakorporale Eliminationsverfahren

Eine sekundäre Giftelimination ist auch durch extrakorporale Eliminationsverfahren möglich. Zur Verfügung stehen die Hämodialyse, die Hämoperfusion und die therapeutische Plasmapherese. Der Einfluß des extrakorporalen Eliminationsverfahrens auf die Geschwindigkeitskonstante der Elimination β wird durch folgende Formel wiedergegeben:

$$\beta_{mit} = \beta_{ohne} + DI/(V_d \cdot KG)$$

β : Geschwindigkeitskonstante der Elimination bei Anwendung einer Hämodialyse oder Hämoperfusion (β_{mit}) oder ohne Anwendung eines extrakorporalen Eliminationsverfahrens (β_{ohne}). Zusammenhang zwischen Eliminationshalbwertszeit und Geschwindigkeitskonstante: $T_{1/2}\beta = \ln 2/\beta$. DI: Dialysance (maximal ca. 7 l/h); V_d: Verteilungsvolumen des Giftes (l/kg); KG: Körpergewicht.

Die **Hämoperfusion** ist das wichtigste sekundäre Gifteliminationsverfahren, und auch bei hämodialysablen Giften der Hämodialyse oft überlegen. Blut wird über eine Hämoperfusionskapsel geleitet, die Aktivkohle oder ein Neutralharz enthält. Das im Blut enthaltene Gift wird dabei an die Aktivkohle oder das Neutralharz adsorbiert. Auch stark Protein-gebundene Stoffe werden adsorbiert. Durch Kontakt von zellulären Blutbestandteilen mit den Fremdoberflächen der Adsorbentien werden allerdings auch Thrombozyten aktiviert. Es werden daher nur noch antithrombogen beschichtete Aktivkohle-Präparate eingesetzt. Eine **Thrombozytopenie und Gerinnungsstörungen** stellen aber auch weiterhin **typische Nebenwirkungen** der Hämoperfusion dar. Darüberhinaus können Blutdruckabfälle auftreten. Die Unterschiede in den spezifischen Adsorptionseigenschaften zwischen verschiedenen Aktivkohle- bzw. Neutralharz-Präparaten sind verhältnismäßig gering. Von klinischer Relevanz ist vielmehr das Verhältnis der Adsorptionsfähigkeit zur Qualität der Beschichtung, die die Nebenwirkungen maßgeblich mitbestimmt.

Es können verständlicherweise nur die Giftmengen durch Hämoperfusion eliminiert werden, die sich im Blut befinden, d.h. der Organismus wird umso rascher entgiftet je größer die relative Giftmenge ist, die sich im Blut befindet. Enthält das Blut nur geringe, andere Organe und Gewebe dafür größere Giftmengen, so ist die Hämoperfusion wenig effektiv. Die gleiche Aussage gilt auch für die anderen extrakorporalen Eliminationsverfahren, d.h. die Hämodialyse und die therapeutische Plasmapherese. Als Maß für die Verteilungsverhältnisse zwischen Blut und weiteren Organen oder Geweben dient das **Verteilungsvolumen**. Je größer das Verteilungsvolumen eines Stoffes, desto stärker die Verteilung oder Anreicherung in peripheren Geweben und Organen.

Extrakorporale Eliminationsverfahren sind nur dann sinnvoll, wenn das Verteilungsvolumen des Giftes unter 5 l/kg beträgt.

Die Hämodialyse setzt darüber hinaus eine möglichst geringe Proteinbindungsrate voraus, da die Stoffelimination durch Diffusion über eine semipermeable Membran erfolgt und nur die freie, nicht-protein-gebundene Fraktion zum Aufbau des Konzentrationsgradienten beiträgt. Eine **Hämodialyse** ist bei schweren Intoxikationen mit Salicylaten, Ethanol, Methanol oder Lithium indiziert, darüberhinaus auch, wenn eine Intoxikation mit einem akuten Nierenversagen einhergeht (Hyperkaliämie).

Die **therapeutische Plasmapherese** ist ein selten angewandtes Verfahren, für das die genauen Indikationen noch erarbeitet werden müssen. Möglich ist auch die Kombination von Membranzellseparation mit einer Hämoperfusion, indem das separierte Plasma über eine Hämoperfusionskapsel geleitet wird, und im Anschluß dem Organismus wieder zugeführt wird. Das Verfahren soll besser verträglich, z.T. auch noch effektiver als die alleinige Hämoperfusion sein.

Praktisches Beispiel: Digitoxin besitzt ein Verteilungsvolumen von 0,5 – 1,0 l/kg und eine Proteinbindungsrate über 90%. Die Elimination erfolgt hepatisch/biliär und es findet sich ein enterohepatischer Kreislauf. Eine sekundäre Giftelimination ist durch Unterbrechung des enterohepatischen Kreislaufs möglich. Besonders bewährt hat sich – neben Aktivkohle – das Cholestyramin. Das geringe Verteilungsvolumen erlaubt auch eine sekundäre Giftelimination durch extrakorporale Eliminationsverfahren. In Frage kommt die Hämoperfusion und theoretisch die therapeutische Plasmapherese. Die Hämodialyse scheint wegen der hohen Proteinbindungsrate ein wenig geeignetes Verfahren zu sein.

5. Antidottherapie

Hinsichtlich der Wirkungsweise handelt es sich bei den Antidoten **um Antagonisten** oder um **Substanzen, die den Giftstoff durch Bindung inaktivieren** und teilweise seine Elimination aus dem Organismus beschleunigen. Eine Antidottherapie wird verhältnismäßig selten angewendet, wenn man von der Gabe von Aktivkohle im Rahmen der primären Entgiftung absieht. Mit Ausnahme von Aktivkohle und Glucocorticoid-Dosieraerosolen bei Verdacht auf Reizgasinhalation, setzt der therapeutische Einsatz von Antidoten eine genaue Kenntnis des Giftstoffes voraus. In seltenen Fällen mit vitaler Bedrohung kann ein Antidot auch ohne sichere Kenntnis der vorliegenden Noxe eingesetzt werden (z.B. berechtigter Verdacht auf Blausäure-Intoxikation bei einem bewußtlosen Brandopfer). In einigen Fällen können Antagonisten mit guter Verträglichkeit auch zur einfachen diagnostischen **Sicherung einer Verdachtsdiagnose**

Tabelle 1: Intoxikationen, bei denen eine Antidotbehandlung absolut indiziert ist

Gift	Antidot
Reizgase	Glucocorticoid (Dosieraerosol)
Cyanide	DMAP (Methämoglobinbildner)
Methämoglobinbildner	Methylenblau, Toluidinblau (Redoxfarbstoffe)
Alkylphosphate	Atropin

angewendet werden (z.B. Flumazenil, Anexate®, bei V.a. Benzodiazepin-Intoxikation). Eine **absolute vitale Indikation für eine Antidotgabe** ist nur bei wenigen Intoxikationen gegeben. In diesen Fällen sind unspezifische notfallmedizinische Maßnahmen allein nicht ausreichend. Diese Antidote sollten daher auf jedem Notarzteinsatzfahrzeug vorhanden sein **(s. Tab. 1)**.

Im Folgenden wird eine Übersicht über die wichtigsten Antidote gegeben. Es sind jeweils die Indikationen, Dosierungen, besondere Nebenwirkungen, sowie Besonderheiten, die bei Anwendung der Substanz bekannt sein sollten, angegeben.

Glucocorticoid-Dosieraerosol

Indikationen: Zur Prophylaxe eines toxischen Lungenödems nach Reizgasen/Brandgasen. Das einzige für diese Indikation zugelassene Fertigarzneimittel ist Auxiloson® und enthält den Wirkstoff Dexamethason-21-isonikotinat. Aus theoretisch pharmakologischer Sicht ist die topische Applikation von Budesonid möglicherweise noch wirksamer. Eine Zulassung von Pulmicort® für die Indikation der Prophylaxe des toxischen Lungenödems besteht allerdings nicht.
Dosierung: Die Dosierungsempfehlungen sind sehr unterschiedlich (z.B. initial 4 Hübe, danach alle 3–5 min: 1 Hub). Relevante unerwünschte Arzneimittelwirkungen sind nicht zu befürchten.
Handelspräparat: Auxiloson® (-Dosier-Aerosol)

Atropin

Atropin wirkt durch periphere und zentrale Blockade von Muskarin-Rezeptoren.
Indikationen: Intoxikationen mit Cholinesterase-Inhibitoren (Organische Phosphorsäureester aus der Gruppe der Insektizide oder Nervenkampfstoffe; Insektizide vom Carbamat-Typ), Pilzvergiftungen mit Muskarinwirkung.
Dosierung: Initialdosis: 2–4 mg (Kinder: 0,5 mg) i.v., fortgesetzte fraktionierte Gabe bis zum Erscheinen von Atropinisierungszeichen (Herzfrequenz > 80–90/min, trockene Schleimhäute, eine Orientierung an der Pupillengröße ist nicht empfehlenswert). Beim Einsatz zur Therapie von Bradykardien werden üblicherweise 0,5–1,0 mg i.v. verabreicht. Bei fehlender Wirkung werden β-Sympathomimetika eingesetzt. Im Rahmen der Therapie von Intoxikationen mit Cholinesterase-Inhibitoren sind deutlich höhere Atropin-Dosierungen notwendig.
Unerwünschte Wirkungen: Tachykardie, Rhythmusstörungen, Hyperthermie, Erregung, Verwirrung, Krampfanfälle, Mydriasis, Mundtrockenheit.
Handelspräparate: Atropinsulfat Braun 0,5 mg (Amp); Atropinsulfat 100 mg (10 ml Amp, Köhler Chemie)

Physostigmin

Indikationen: Intoxikationen mit Stoffen, die anticholinerge Eigenschaften besitzen: Nachtschattenalkaloide (Tollkirsche, Stechapfel enthalten Atropin und Scopolamin), Antidepressiva, Neuroleptika, Antihistaminika/Antiallergika, Antiparkinson-Mittel.
Dosierung: Erwachsene 2 mg, Kinder 0,5–1 mg i.v. (0,02–0,06 mg/kg). Nachinjektion nach frühestens 30 min (1–2 mg).
Unerwünschte Wirkungen: Salivation, Miosis, Bradykardie, AV-Blockierung, Bronchospasmus, Bronchosekretion, Erregung, Krampfanfälle.
Physostigmin ist ein reversibler Cholinesterase-Inhibitor, der zentral und peripher wirksam ist. Durch Erhöhung des verfügbaren Acetylcholins im synaptischen Spalt, werden die peripheren und zentralen Wirkungen von Anticholinergika funktionell antagonisiert.
Handelspräparat: Anticholium® (Köhler Chemie), 2 mg (5 ml Amp)

Dimethylaminophenol (DMAP)

DMAP oxidiert das zweiwertige Eisen im Hämoglobin zu dreiwertigem Eisen. Es entsteht Methämoglobin, das Cyanidionen bin-

det. Die blockierten Atmungsketten-Enzyme werden dadurch reaktiviert. Bei Schwefelwasserstoff (H_2S)-Vergiftungen ist die Wirksamkeit von DMAP umstritten. Es kann versuchsweise in der Frühphase einer H_2S-Vergiftung angewendet werden.
Indikationen: Intoxikationen mit Blausäure, Cyanidsalzen oder Stoffen, aus denen Cyanid freigesetzt wird, wenn klinische Hinweise auf eine Cyanid-Intoxikation hindeuten.
Dosierung: 250 mg (3 – 4 mg/kg KG) i.v. Hierdurch werden 30 – 40% des Hämoglobins in Methämoglobin umgewandelt. Die auftretende Zyanose ist dadurch bedingt (> 15% Met-Hb). Die Hälfte der Initialdosis darf – falls notwendig – nach 4 – 6 h nochmals verabreicht werden. Vor Gabe der Wiederholungsdosis ist eine Methämoglobin-Bestimmung wünschenswert. Bei kombinierten Cyanid- und Kohlenmonoxid-Intoxikationen (Brandgas-Intoxikation) sollte die initiale Dosis nur 1 – 2 mg/kg KG betragen, da bei Gabe der üblichen Initialdosis ein zu starker Abfall der O_2-Transportkapazität nicht ausgeschlossen werden kann.
Unerwünschte Wirkungen: Hämolyse. Anaphylaktische Reaktionen auf die Injektionslösung können durch den Hilfsstoff Natriumdisulfit verursacht sein.
Handelspräparat: 4-DMAP (Köhler Chemie) 250 mg (5 ml Ampullen)

Natriumthiosulfat

Indikationen: Intoxikationen mit Blausäure, Cyanidsalzen oder Stoffen, die Cyanid freisetzen (Acetonitril, Propionitril, bittere Mandeln, Pfirsichkerne). Natriumthiosulfat ($Na_2S_2O_4$) ermöglicht durch die Bereitstellung von Schwefel eine schnellere Metabolisierung und Entgiftung von Cyanid zu Thiocyanat.
Vergiftungen mit Alkylantien (Hautkampfstoffe vom N- oder S-Lost-Typ). Natriumthiosulfat kann zirkulierende Lost-Moleküle chemisch binden. Die systemischen Intoxikationssymptome werden abgeschwächt. Die Schädigung der Haut durch Loste wird durch Natriumthiosulfat nicht beeinflußt.
Dosierung: 50-100-(500) mg/kg KG i.v.
Unerwünschte Wirkungen: bei schneller i.v. Gabe kann es zu Übelkeit, Erbrechen und Hypotonie kommen. Überempfindlichkeitsreaktionen können auf den Hilfsstoff Natriumdisulfit zurückzuführen sein.
Handelspräparat: Natriumthiosulfat (Köhler Chemie) 10%/25% Amp (10 ml/100 ml).

Toluidinblau und Methylenblau

Indikationen: Intoxikationen mit Methämoglobinbildnern (Anilin-Derivate, aromatische Nitroverbindungen, z.B. Nitrobenzol, Nitrit, DMAP, Nitroglycerin), wenn der Methämoglobinanteil am Gesamthämoglobin über 40% beträgt. Unter Gabe von Methylenblau oder Toluidinblau stellt sich ein Gleichgewichtszustand mit ca 8% Methämoglobin ein.
Dosierung: Methylenblau: 1 – 2 mg/kg KG i.v.; Toluidinblau: 2 – 4 mg/kg i.v.
Unerwünschte Wirkungen: Bei schneller Injektion kann es zu Hypotonie kommen. Methylenblau und Toluidinblau können eine Hämolyse verursachen. Die sichtbare Blauverfärbung der Haut, des Speichels und des Urins ist harmlos.
Handelspräparate: Methylenblau Vitis i.v. 1% (Neopharma) 10 mg, 50 mg und 100 mg Ampullen; Toluidinblau (Köhler Chemie) 300 mg Amp

Weitere Antidote

Als weitere Antidote, die in der präklinischen Notfallversorgung Anwendung finden können, seien der Opiatantagonist Naloxon, der Benzodiazepin-Antagonist Flumazenil und die Cholinesterase-Reaktivatoren Obidoxim und Pralidoxim genannt. Eine Ausstattung von Notarzteinsatzfahrzeugen/Notarztwagen erscheint aber nicht zwingend. Auch Chelatbildner, zur Bindung und schnelleren Elimination von Schwermetallen, brauchen im Rettungsdienst nicht vorrätig gehalten zu werden. Ihre Bereitstellung für den Katastrophenfall muß allerdings sichergestellt sein.

Teil II
Brandgase

1. Brennen und Löschen

1.1. Die Verbrennungsreaktion

Die Verbrennung ist eine rasche Oxidation, die mit Wärme und Lichtbildung einhergeht. Praktisch handelt es sich in den meisten Fällen um die Verbindung eines brennbaren Stoffes mit Sauerstoff aus der umgebenden Luft. Eine Verbrennung kommt unter **zwei Erscheinungsformen** vor: **Flammen** und **Glut (siehe Abb. 2)**. Gase verbrennen immer unter Flammenbildung. Flüssigkeiten können selbst nicht brennen. Die aus Flüssigkeiten hervorgehenden Dämpfe brennen über der Flüssigkeitsoberfläche unter Flammenbildung. Feste Stoffe können unter Glut und/oder

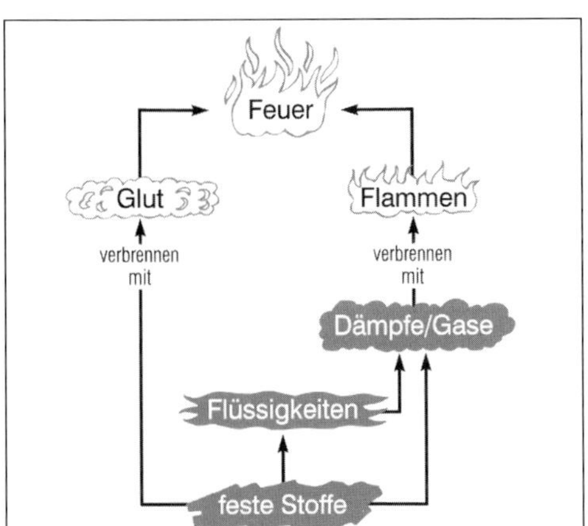

Abb 2: Brennstoffe und Erscheinungsformen von Feuer. Quelle: Kaufhold und Klingsohr (1996)

Flammenbildung brennen. Feste Stoffe, die sich bei hohen Temperaturen zersetzen und in den gasförmigen Zustand übergehen, verbrennen mit Glut und Flammenbildung (Holz, Papier, Textilien). Feste Stoffe, die bei hohen Temperaturen schmelzen und anschließend verdampfen, brennen nur mit Flammenbildung (z.B. Wachs). Feste Stoffe, wie Metalle, oder künstlich entgaste organische Materialien (Koks), brennen nur mit Glutbildung.

Folgende **Voraussetzungen** müssen für eine Verbrennung vorliegen:

1. Eine brennbare Substanz
2. Sauerstoff
3. Eine geeignete Relation von Brennstoff- zu Sauerstoffmenge
4. Eine geeignete Zündquelle (Ausnahme: Selbstzündung)

Um eine Verbrennung zu induzieren, müssen die Reaktionspartner auf die **Zündtemperatur** erwärmt werden. Das Zuführen der dafür notwendigen Zündenergie geschieht durch eine Zündquelle (z.B. Streichholz). Stoffe, die mit einem Streichholz gezündet werden können, werden als normal entzündlich bezeichnet. Ist die Zündung mit einem Streichholz nicht möglich, gilt der Stoff als schwer entzündlich. Genügt dagegen ein Funken zur Zündung aus, ist der Stoff leicht entzündlich. Die Entzündbarkeit eines Stoffes ist von seiner chemischen Zusammensetzung, aber auch von physikalischen Faktoren abhängig. Holzstaub besitzt eine sehr viel größere spezifische Oberfläche, um mit Sauerstoff zu reagieren, als ein Holzklotz. Holzstaub besitzt daher eine deutlich höhere Entzündbarkeit.

Desweiteren ist die **Ausgangstemperatur des Brennstoffes** für die notwendige Zündenergie von Bedeutung. Wird ein Stoff bereits bei normaler Umgebungstemperatur oxidiert, wird Wärme frei. Kann diese Wärme nicht an die Umgebung abgegeben werden, steigt die Temperatur des Brennstoffes. Wird die Zündtemperatur erreicht, kommt es zur Selbstzündung (z.B. trocknende pflanzliche Öle). Auch bakterielle Vorgänge können zur Wärmebildung in Brennstoffen und zur Selbstzündung beitragen (z.B. feuchtes Heu).

Nach Zündung des Brennstoffes und Entfernen der Zündquelle kann dieser selbstständig weiterbrennen (normal brennbarer Stoff, z.B. Holz) oder der Verbrennungsvorgang kommt spontan zum erlöschen (schwer brennbarer Stoff, z.B. reine Wolle). Ein fester Stoff wird dann selbstständig weiterbrennen, wenn die Temperatur, die bei dem Vorgang entsteht, so hoch ist, daß die angrenzenden Feststoffteile thermisch zersetzt und die in der Gasphase befindlichen Teilchen auf die Zündtemperatur erwärmt werden. Die für ein **selbständiges Weiterbrennen** notwendige Temperatur wird als **„Mindestverbrennungstemperatur“** bezeichnet. Diese liegt immer deutlich über der Zündtemperatur (mehrere 100°C).

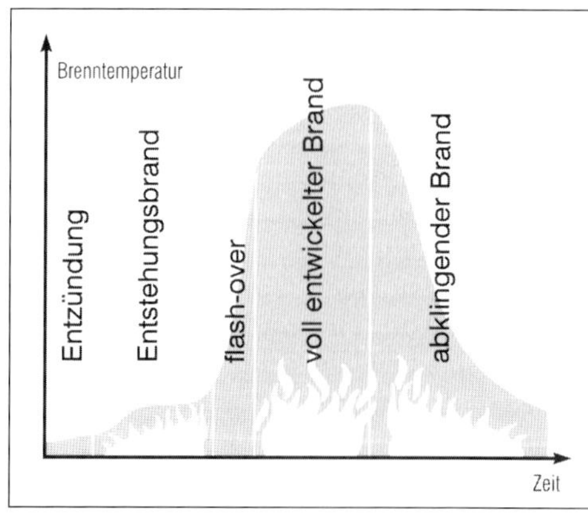

Abb. 3: Verlauf eines Brandes in einem Innenraum. Quelle: Knorr (1997)

Der **Zündbereich** (Explosionsbereich): Stoffe reagieren nur in bestimmten Mengenverhältnissen miteinander (stöchiometrische Mengenverhältnisse). So reagieren bei der Knallgasreaktion 2 mol H_2 mit 1 mol O_2 zu 2 mol H_2O. Gase oder Dämpfe verbrennen nur, wenn die Gas/Dampf-Luftverhältnisse innerhalb festgelegter Grenzen liegen (Zündbereich, Explosionsbereich). Liegt die Gas/Dampf-Konzentration unterhalb der unteren Zündgrenze (= untere Explosionsgrenze) ist das Gemisch zu „mager“ und eine Verbrennungsreaktion kann nicht stattfinden. Liegt die Gas/Dampf-Konzentration über der oberen Zündgrenze (= obere Explosionsgrenze) ist das Gemisch zu „fett" und kann ebenfalls nicht gezündet werden. Die üblicherweise angegebenen Zündgrenzen beziehen sich auf Luft. In 100% O_2 sind die Zündgrenzen erweitert.

Die Parameter Verbrennungswärme, Heizwert und Verbrennungstemperatur quantifizieren die Wärmebildung bei Verbrennungen. Die **Verbrennungswärme** wird auch als Brennwert oder Heizwert bezeichnet (J/kg, J/m^3, WH/kg). Der Heizwert ist um die Verdampfungswärme des entstehenden Wasserdampfes niedriger als der Brennwert. Es handelt sich um eine **stoffspezifische Größe**. Im vorbeugenden Brandschutz wird auch der Begriff Brandlast verwendet (kWh/m Kabel oder Rohrleitung). Die freigesetzte Wärme führt zu einer Temperaturerhöhung des Brennstoffs, die von der Größe der Verbrennungswärme, aber auch von der Geschwindigkeit mit welcher diese freigesetzt wird (Abbrandrate), abhängt. Da auch Wärme an die Umgebung abgegeben wird, ist die **tatsächliche Brandtemperatur** niedriger als die theoretisch erwartete Verbrennungstemperatur. Temperaturen bei Großbränden liegen meist zwischen 700 und 1100°C. Bei Verbrennungen in 100%igem Sauerstoff statt in Luft entstehen wesentlich höhere Verbrennungsgeschwindigkeiten, und damit auch höhere Verbrennungstemperaturen (ca. 700 – 800°C höher als in Luft).

Flüssigkeiten können selbst niemals brennen, da ihr Siedepunkt immer unter der Zündtemperatur des betreffenden Stoffes liegt. **Brennbar sind nur die Dämpfe** über der Flüssigkeitsoberfläche. Diese können erst gezündet werden, wenn die Dampfkonzentration die untere Zündgrenze erreicht oder überschritten hat. Der Dampfdruck, d.h. auch die Dampfkonzentration im Raum über der Flüssigkeit, ist umso größer, je höher die Temperatur der Flüssigkeit ist. Als **Flammpunkt** bezeichnet man die Temperatur einer Flüssigkeit, bei der die Dampfkonzentration über der Flüssigkeitsoberfläche der unteren Zündgrenze in Luft entspricht. Dämpfe können mit einer Zündquelle nur gezündet werden, wenn die Temperatur der Flüssigkeit den Flammpunkt erreicht hat oder darüber liegt. Liegt eine brennbare Flüssigkeit mit einer Temperatur unterhalb des Flammpunkts vor, besteht keine akute Brandgefahr. **Die Einteilung brennbarer Flüssigkeiten erfolgt daher in der Verordnung über brennbare Flüssigkeiten (VbF) nach ihrem Flammpunkt.** Werden die Dämpfe einer Flüssigkeit, die auf ihren Flammpunkt erwärmt ist, gezündet, kommt es zum selbständigen Erlöschen der Flammen. Die verdampfende Stoffmenge ist bei dieser Temperatur zu gering, um eine ausreichend hohe Dampfkonzentration aufrecht zu erhalten. Ein selbständiges Weiterbrennen nach Entfernung der Zündquelle findet erst statt, wenn die Flüssigkeitstemperatur den sog. „Brennpunkt" erreicht hat. Flammpunkt und Brennpunkt liegen allerdings nur wenige Grad Celsius auseinander.

Verpuffung, Explosion und Detonation sind rasch verlaufende Verbrennungen, die mit Druck-und Geräuschentwicklung einhergehen. Als **Verpuffung** bezeichnet man dabei eine milde **Explosion**. Eine **Detonation** ist dadurch gekennzeichnet, daß die fortlaufende Verbrennung durch die Kompressionswärme an der Front der Druckwelle verursacht wird. Von (Verbrennungs)explosionen müssen rein physikalische/mechanische Vorgänge, die mit Druck-und Geräuschentwicklung einhergehen, unterschieden werden (z.B. Gefäßzerknall bei Erwärmung und Druckanstieg im Innern eines geschlossenen Gefäßes).

1.2. Löschmittel

Voraussetzung für eine Verbrennung ist die Anwesenheit von Brennstoff und Sauerstoff in bestimmten Mengenverhältnissen, sowie eine Zündquelle, bzw. nach Entzündung das Vorliegen einer Temperatur, die über der Mindestverbrennungstemperatur liegt. Je nach Art des brennenden Stoffes und den Umständen der Verbrennung existieren verschiedene **Prinzipien der Brandbekämpfung**, die auch kombiniert zum Einsatz kommen können **(siehe Abb. 4)**:

- Ein Feuer kann gelöscht werden durch **Abkühlen**, und damit durch Senkung der Temperatur unter die Mindestverbrennungstemperatur. Feststoffe, die mit Glut verbrennen, werden hauptsächlich durch Abkühlen gelöscht.
- Eine weitere Möglichkeit ein Feuer zu löschen besteht darin das Verhältnis der Brennstoff- und Sauerstoffkonzentration so zu beeinflussen, daß die Verbrennungsreaktion zum Erliegen kommt. Der Sauerstoff in der Luft kann durch Hinzufügen eines Inertgases verdünnt werden **(Verdünnung)**. Durch Herstellung einer nichtpermeablen Trennschicht kann der Sauerstoff der Luft auch daran gehindert werden mit dem Brennstoff in Kontakt zu kommen **(Trenneffekt)**. Verbrennungen, die mit Flammenbildung einhergehen (Flüssigkeits- und Gasbrände) werden durch **Ersticken** gelöscht.
- Die dritte Möglichkeit eine Verbrennungsreaktion zu bekämpfen besteht in **der Anwendung sog. „antikatalytischer“ Löschmittel**, die die radikalischen Reaktionsketten unterbrechen und damit die Verbrennungsreaktion zum erliegen bringen.

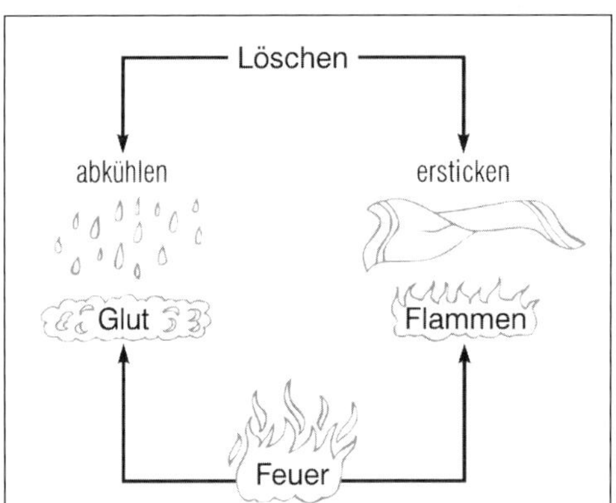

Abb . 4: Prinzipien des Löschens.
Quelle: Kaufhold und Klingsohr (1996)

Wasser

Wasser entfaltet seine **Löschwirkung hauptsächlich durch Abkühlen**. Es besitzt eine große spezifische Wärmekapazität und Verdampfungswärme (2257 kJ/kg Verdampfungswärme um Wasser bei 100°C in Wasserdampf umzuwandeln). Eine mögliche erstickende Wirkungskomponente durch den gebildeten Wasserdampf spielt i.d.R. keine Rolle.

Wasser ist geeignet zum Löschen von brennenden Feststoffen, die mit Glut brennen. Zum Löschen von brennenden Flüssigkeiten oder Gasen ist es nur bedingt oder *nicht* geeignet. Auch bei Metallbränden ist Wasser als Löschmittel *nicht* geeignet.

Wasser ist im Allgemeinen in großen Mengen verfügbar, preiswert und darüber hinaus ungiftig. Allerdings können wasserlösliche Schadstoffe durch Wasser als Löschmittel in die Kanalisation oder ins Grundwasser verschleppt werden. Auch kann Wasser an der Einsatzstelle zu einer Gefährdung der eingesetzten Personen führen. Wird in einem engen Raum, in dem sich eine große Glutmasse befindet Wasser eingesetzt, können Wasserdampfmengen entstehen, die zu einer **Verbrühung** der Feuerwehrleute führt. Brennende Flüssigkeiten in Behältern können durch Zugabe von Wasser zum Überlaufen gebracht werden, wodurch sich der Brand ausbreitet. Die meisten brennbaren Flüssigkeiten, die mit Wasser nicht mischbar sind, sind auch leichter als Wasser (z.B. Benzin), so daß bei Anwendung von Wasser dieses untergeht und sich unter der brennbaren Flüssigkeit absetzt.

Liegt die Temperatur der brennbaren Flüssigkeit über 100°C verdampft das Wasser schlagartig (1 l H_2O wird zu 1700 l Wasserdampf), wodurch brennbare Flüssigkeit herausgeschleudert werden kann („Fettexplosion“). Wasser darf daher niemals im Vollstrahl auf brennbare Flüssigkeiten gerichtet werden.

Auch folgende Reaktionen sind zu beachten und können zu einer Gefährdung führen: **bei Leichtmetallbränden (Aluminium, Magnesium) liegen sehr hohe Verbrennungstemperaturen vor, die zu einer thermischen Zersetzung des Wassers unter Bildung von Sauerstoff und Wasserstoff führt. Die Verbrennungsreaktion wird dadurch verstärkt und kann explosionsartig verlaufen.** Durch heiße Metallspritzer können anwesende Personen verletzt werden. Die Metalle Natrium und Kalium dürfen auch bei normaler Umgebungstemperatur nicht mit Wasser in Berührung kommen. **Wasser reagiert mit Carbid unter Bildung von Acetylen. Hierdurch kann eine Stichflammenbildung gefördert werden.** Wasser reagiert auch mit ungelöschtem Kalk (CaO). Dieser ist zwar nicht brennbar, die Reaktion mit Wasser setzt aber große Wärmemengen frei, die zu hohen Temperaturen (400°C) führen können. Brennbare Stoffe, die sich in der Umgebung befinden, können dadurch entzündet werden.

Schaum

Schaum **besteht aus Wasser, Schaummittel und einem Füllgas** (meist Luft). Schaum dient dazu die Oberfläche von Brennstoffen abzudecken und damit den Sauerstoffzutritt zu verhindern **(Ersticken durch Trennen). Schaum ist das Mittel der Wahl bei Flüssigkeitsbränden. Es kann aber auch zum Löschen von brennenden Feststoffen, die mit Glut brennen, verwendet werden.**

Zum Löschen von Gasbränden oder Metallbränden ist Schaum *nicht* geeignet.

In Abhängigkeit von der Volumenzunahme im Verhältnis zum eingesetzten Wasser (Verschäumungszahl) unterscheidet man **Schwerschaum** (Verschäumungszahl: 5 – 20), **Mittelschaum** (Verschäumungszahl: 20 – 200) und **Leichtschaum** (Verschäumungszahl: 200 – 2000). Als Halbwertszeit wird die Zeit verstanden, in der die Hälfte des Schaums sich in Wasser umgewandelt hat. Diese liegt meist zwischen 15 und 25 min. Als Schaummittel werden Fettalkohole verwendet (Allschaummittel). Zur Herstellung von Schwerschaum werden Protein-Lösungen und zur Herstellung von Leichtschaum finden auch Netzmittel Anwendung. Zum Abdecken von Alkoholen müssen besondere Schaummittel verwendet werden, da üblicher Schaum schnell aufgelöst wird. In gewissen Situationen ist mit einer kombinierten Anwendung von Löschpulver und Schaum zu rechnen. Löschpulver mit seiner schlagartig löschenden Wirkung kann z.B. bei der Bergung und Rettung von gefährdeten Personen angewendet werden. Im Anschluß findet Schaum zur Abdeckung Anwendung. Da Schaum durch übliche Löschpulver zerstört wird, muß in diesen Fällen besonderer Schaum-verträgliches (SV)-Löschpulver benutzt werden.

AFFF (aqueous film forming foam) bildet mit Wasser Schaum, der eine Halbwertszeit von etwa 10 min hat. **Die entstehende wäßrige Phase ist leichter als Wasser (light water) und bildet über brennbaren Flüssigkeiten oder Feststoffen einen Film mit trennendem erstickendem Effekt.**

Beschäumte Gegenstände werden nur an ihrer Oberfläche befeuchtet. Die Schäden sind geringer als bei Anwendung von Wasser. **Schaum** (auch AFFF) **ist nicht giftig**. Protein-Schaummittel sollte allerdings nicht in offene Wunden gelangen. In Leichtschaum befindet sich ausreichend Luft um zu atmen. Bewegungslose, z.B. bewußtlose Personen, atmen allerdings ihre Ausatemluft wieder ein und sind daher gefährdet.

Löschpulver

Löschpulver besteht aus **Körnchen, die radikalische Reaktionen unterbrechen**. Durch Aufprall der energiereichen Radikale in der Gasphase auf die großen Flächen der Löschkörnchen, verlieren die Radikale an Energie, und die radikalische Reaktion kommt zum erliegen. Die Wirkung von Löschpulver wird als „antikatalytisch“ bezeichnet.

- **BC-Löschpulver** enthält Natriumkarbonat und Natriumbikarbonat. Es **ist zum Löschen von Gas- und Flüssigkeitsbränden** geeignet.
- **ABC-Pulver** enthält Ammoniumphosphat oder Natriumsulfat-Körnchen. An der Oberfläche von glühenden Feststoffen bilden sie eine Schmelze, die den Feststoff überzieht **(Trenneffekt)**. ABC-Pulver ist daher nicht nur zum Löschen von Gas- und Flüssigkeitsbränden, **sondern auch zum Löschen brennender Feststoffe**, die mit Glut brennen, geeignet.
- Zum **Löschen von Metallbränden** existieren **spezielle D-Löschpulver**, die Natriumchlorid und Kaliumchlorid enthalten. Diese bilden über dem brennenden Metall eine trennende Schmelze.

Löschpulver sind nicht giftig. Sie können auch zum Löschen brennender Menschen eingesetzt werden. Der erste Schuß sollte wegen des hohen Drucks nicht ins Gesicht gerichtet werden. Löschpulver haben den Nachteil, daß es zu einer starken Verschmutzung der gelöschten Gegenstände und ihrer Umgebung kommt.

Kohlendioxid

Kohlendioxid ist selbst nicht brennbar. Es wirkt hauptsächlich durch Verdünnen der Luft, und damit durch **Senkung des Sauerstoffanteils**. Viele Verbrennungen kommen dadurch zum Erliegen. Kohlendioxid ist daher **im Freien weniger wirksam als in geschlossenen Räumen**. Nach Verflüchtigung des Kohlendioxids kann es zur **Rückzündung** kommen. Kohlendioxid-Schnee hat eine Temperatur von −78°C. Der abkühlende Effekt stellt allerdings nicht die Hauptlöschwirkung von Kohlendioxid dar. Kohlendioxid ist besonders geeignet zur **Bekämpfung von Gas- und Flüssigkeitsbränden**. Bei brennenden Feststoffen löscht es die Flammen, aber nicht die Glut. Mit einem Wiederaufflammen muß gerechnet werden.

Kohlendioxid darf zur Bekämpfung von Metallbränden nicht angewendet werden, da es sich bei den hohen Verbrennungstemperaturen zersetzt und Sauerstoff freisetzt.

Bei der Anwendung von Kohlendioxid in engen geschlossenen Räumen ist eine Kohlendioxid-Intoxikation möglich.

Kohlendioxid ist bis 5 Vol% in der Atemluft nicht toxisch. Es stimuliert die Atmung und induziert zunächst eine Zunahme des Atemminutenvolumens, evtl. mit Dyspnoe. In höheren Konzentrationen führt es zu Bewußtlosigkeit und Atemdepression. Bei Einatmung von 8 Vol% CO_2 über 30 min und länger muß mit Bewußtlosigkeit und Atemdepression gerechnet werden. Darüberhinaus verdünnt CO_2 die Atemluft und kann dadurch erstickend wirken. Kohlendioxid-Schnee (−78°C) kann an der Haut zu Erfrierungen führen.

Nur bei längerer Exposition (1 Vol% CO_2 über Wochen) kommt es zu Störungen im Kalzium und Phosphatstoffwechsel (verstärkte Ablagerung von $CaCO_3$ im Knochen, Hypokalzämie, Hypophosphatämie).

Tabelle 2: Kohlendioxid-Konzentration in der Atemluft und biologische Wirkung

CO_2-Konzentration	Bedeutung/Auswirkung
0,3 Vol%	Normalwert in der Einatemluft
0,5 Vol%	MAK-Wert
4%	Normalwert in der Ausatemluft
4–6 Vol%	Kopfschmerzen, Schwindel, Hypertonie, Erregung
10 Vol%	Krämpfe, Bewußtlosigkeit, Atemstillstand
30 Vol%	Bewußtlosigkeit innerhalb von 0,5 min

Tabelle 3: Einsatz von Löschmitteln. +++: sehr gut geeignet, ++: gut geeignet, +: bedingt geeignet, 0: nicht geeignet, – : Anwendung bedenklich, – – : Anwendung gefährlich. Angaben aus Kaufhold (1996)

Löschmittel	feste Stoffe	Flüssigkeiten	Gase	Metalle	elektrische Anlagen
Wasser Vollstrahl	+++	– –	0	– –	+
Wasser Sprühstrahl	++	+/0	+/0	–	+
Schaum	++	+++	0	–	+
BC-Löschpulver	+/0	++	+++	0/–	+
ABC-Löschpulver	++	++	+++	(+)	–
Löschpulver für Metallbrände	0	0	0	++	0
Kohlendioxid Schnee/Nebel	0	++	+	– –	+++
Kohlendioxid Gas	0	0	+++	– –	+++
Halone	+	++	++	– –	+++

2. Gefahren der Brandstelle

2.1. Allgemeine Gefahren

Die Zusammensetzung von Brandgasen ist sehr komplex und kann in der Praxis kaum vorhergesagt werden!

Bei der experimentellen Verbrennung von Polyethylen wurden über 70 Stoffe nachgewiesen. Brennstoffe werden thermisch zersetzt, teilweise depolymerisiert, und die entstehenden Produkte vollständig oder unvollständig durch Sauerstoff oxidiert. Die Zusammensetzung von Brandgasen ist daher abhängig vom Brennstoff, aber auch von der Temperatur und dem Sauerstoffgehalt der umgebenden Luft. Für wissenschaftliche Untersuchungen zum Brandverhalten und zur Zusammensetzung von Brandgasen sind verschiedene kleinere Verbrennungskammern (Pyrolyse-Apparatur nach E.H. Coleman und C.H. Thomas, Apparatur nach W.D. Woolley) entwickelt worden, aber auch Testräume und Testhäuser in wirklichkeitsgetreuem Maßstab stehen für Versuchszwecke zur Verfügung (International Isocyanate Institute in Manchester, Fire Research Station in Boreham Wood, GB). Die Zusammensetzung der Brandgase kann mittels Gaschromatographie-Massenspektrometrie analytisch ermittelt werden. Selbst unter kontrollierten experimentellen Bedingungen in Pyrolyse-Apparaturen variiert die Zusammensetzung der Brandgase eines chemisch definierten Brennstoffs in Abhängigkeit der gewählten Versuchsbedingungen. Auch wenn die genaue Zusammensetzung von Brandgasen bei wirklichen Bränden theoretisch nicht vorhergesagt werden kann, muß immer mit dem Vorliegen weiter zündbarer, d.h. explosibler Gasgemische gerechnet werden.

An gesundheitsgefährdenden Gasen ist zu rechnen mit erstickenden Gasen, Reizgasen, sowie Kohlenmonoxid und Blausäure **(siehe Abb. 5)**. Die Konzentration einzelner Gase kann am Einsatzort mit Dräger-Prüfröhrchen oder Chip-Meß-Systemen (CMS, Dräger) gemessen werden.

Eine Gefährdung bei Bränden kann durch folgende Faktoren entstehen:
Eine **Explosion** kann immer auftreten, wenn Gas/Dampf-Gemische in Luft im Verhältnis innerhalb des Zündbereichs (= Explosionsbereich) vorliegen. Von praktischem Interesse ist dabei weniger das Wissen um die prinzipielle Möglichkeit einer Explosion, mit der

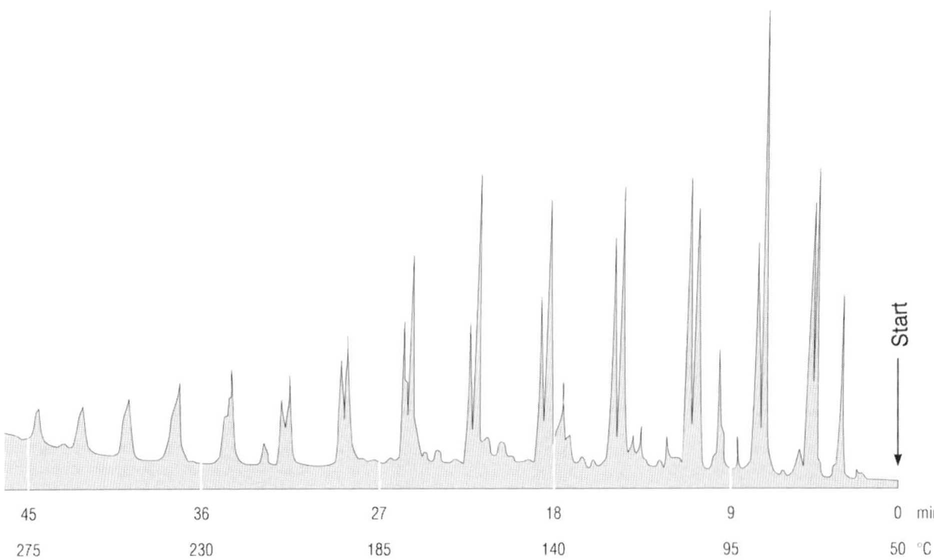

Abb. 5: Gaschromatographische Analyse der bei der Pyrolyse von Polyethylen entstehenden Zersetzungsprodukte, einzelne Peaks entsprechen z.B. Hexen-1, Benzol, n-Heptan, Acrylsäure, Äthylbenzol und Decen-1. Aus: Michal et al. (1976) und Binder et al. (1982)

bei Bränden immer gerechnet werden muß, als vielmehr das Wissen, daß eine akute Explosionsgefahr auszuschließen oder zumindest unwahrscheinlich ist. Zur Abschätzung der Explosionsgefahr können Explosimeter angewendet werden.

In unmittelbarer Nähe des Brandherdes entsteht eine akute Gefahr durch **Einwirkung hoher Temperaturen**, die 500 – 1200°C erreichen können, auf den menschlichen Körper. Bei Gebäudebränden werden die von Menschen tolerierten Temperaturen in der unmittelbaren Nachbarschaft des Brandherdes in der Regel innerhalb von 5 – 10 min überschritten. Durch heiße Gase und Dämpfe kann es zu einer Verbrennung/Verbrühung der Atemwege kommen. Hierdurch kann ein Glottisödem mit Stridor und akuter Atemnot entstehen. Eine frühzeitige Intubation ist hier indiziert. Wegen der höheren Wärmekapazität von heißen Dämpfen muß bei deren Inhalation eher mit einer thermischen Schädigung tieferer Abschnitte des Respirationstraktes gerechnet werden, als bei Inhalation trockenheißer Luft.

In den Nachbarräumen eines Brandherdes besteht eine besondere Gefährdung durch Brandgase. Ca. 80% der Todesopfer bei Bränden sterben nicht an Verbrennungen, sondern an den Folgen der Rauchgasinhala-

Tabelle 4: Toleranzzeiten verschiedener Temperaturen beim Menschen. Bei Temperaturen über 150°C ist die Handlungsfähigkeit (Flucht) stark eingeschränkt, die Mundatmung wird schwierig.
Angaben aus Binder et al. (1982)

Temperatur (°C)	Toleranzzeit
50	3 – 5 h
70	1 h
140	5 min

Tabelle 5: Einteilung von Atemgiften

Gruppe	Beispiele
Gruppe I: erstickende, O_2-verdrängende Gase	Methan, Propan, Butan, Wasserstoff, Kohlendioxid, Edelgase
Gruppe II: Reiz-und Ätzgase	Halogene, Halogenwasserstoffe, Phosgen, Nitrose Gase, Schwefeldioxid
Gruppe III: Giftige Gase mit Wirkung auf Blut oder Stoffwechsel	Kohlenmonoxid, Blausäure, Schwefelwasserstoff

Tabelle 6: Sauerstoffgehalt der Atemluft und biologische Auswirkungen. Angaben aus Binder et al. (1982)

O_2.Gehalt der Luft	Auswirkung
21 Vol%	normaler O_2-Gehalt der Luft
12 – 15 Vol%	Kopfschmerzen, Schwindel, Herzklopfen, deutlich verminderte Belastbarkeit
10 – 12 Vol%	Zunahme der Beschwerden, Übelkeit, körperliche Arbeit unmöglich
6 – 8 Vol%	Bewußtseinsverlust, Kreislaufkollaps
< 6 Vol%	letal in wenigen Minuten

tion. Eine Gefährdung entsteht einerseits durch den Sauerstoffmangel, der aus dem Verbrauch des Sauerstoffs bei der Verbrennungsreaktion resultiert. Durch die Verbrennungsreaktion entstehen andererseits Gase, die durch Verdünnung den Sauerstoffgehalt der Atemluft weiter herabsetzen. Auch beim Löschen eines Feuers mit Inertgasen (CO_2, Inergen) wird die Luft und der Sauerstoff verdünnt. Hierdurch kommt es zum Erlöschen der Verbrennungsreaktion. In engen Räumen kann es dabei zu einer Gefährdung durch Sauerstoffmangel kommen.

Einige Bestandteile von Brandgasen besitzen eine eigene biologische Wirkung, die für ihre Giftigkeit verantwortlich ist. **Kohlenmonoxid**, das praktisch in allen Brandgasen vorhanden ist, spielt als Todesursache bei Brandopfern eine dominierende Rolle. Auch mit Reizgasen, in sehr unterschiedlicher Zusammensetzung, muß immer gerechnet werden. Auch Kohlenstoffpartikel (Ruß) dringen in die Atemwege ein und können diese reizen. Die Partikel können auch als Vehikel für adsorbierte giftige Stoffe dienen. Beim Verbrennen von stickstoffhaltigen Materialien kann auch Blausäure entstehen, deren praktische toxikologische Bedeutung bei Rauchgasinhalationen kontrovers diskutiert wird.

2.2. Kohlenmonoxid

Kohlenmonoxid (CO) ist ein farb-und geruchloses Gas. Es ist etwas leichter als Luft (MG: 28, Dichte: 0,97) und kann Mauerwerke durchdringen. CO ist brennbar und explosibel (Zündbereich: 12,5 – 74% in Luft). Kohlenmonoxid entsteht bei der unvollständigen Verbrennung von Kohlenstoff oder Kohlenwasserstoffen, z.B. in schlecht ziehenden Öfen. Es ist enthalten im Leuchtgas („echtes Stadtgas“, 10% CO), nicht dagegen im heute üblichen Stadtgas, das aus Erdgas (Methan) besteht. CO findet sich in Abgasen von Verbrennungsmotoren (bis 10% CO, mit Katalysator: < 1%) und im Zigarettenrauch (1,5 –

4,5% CO). In geringen Mengen ensteht es auch im menschlichen Körper beim Abbau von Hämoglobin zu Bilirubin. Bei Hämolysen, und erhöhtem Anfall an Hämoglobin, das metabolisiert wird, ist auch die endogen entstehende CO-Menge deutlich erhöht. Eine akute Gefährdung resultiert aus endogen gebildetem CO aber nicht. Auch beim Metabolismus von Dichlormethan (Methylenchlorid) entsteht CO. Technisch wird es zur Reduktion von Metalloxiden verwendet (Roheisengewinnung im Hochofen)

Verbrennungsprozesse, die bei Bränden ablaufen, sind immer unvollständige Oxidationen. Brandgase enthalten daher praktisch immer Kohlenmonoxid in unterschiedlicher Konzentration.

Pathophysiologie und Symptomatik der Kohlenmonoxidintoxikation

Kohlenmonoxid besitzt eine etwa 250fach (210 – 300 x) höhere Affinität als Sauerstoff zum zweiwertigen Eisen im Hämoglobin.

Kohlenmonoxid blockiert die Bindungsstellen für Sauerstoff im Hämoglobin und reduziert damit die Sauerstofftransport-Kapazität des Blutes. Die Schwere einer CO-Intoxikation ist vom Hb-CO-Anteil am Gesamthämoglobin abhängig.

Physiologischerweise beträgt der Hb-CO-Anteil durch das im Stoffwechsel entstehende CO 0,5% (bei Hämolyse: bis 8%). Starke Raucher können Hb-CO-Werte bis zu 15% aufweisen. Auch bei starker Belastung durch Autoabgase (z.B. Verkehrspolizisten) können Hb-CO-Werte um 10% entstehen. Der Hb-CO-Anteil ist abhängig von der CO-Konzentration in der Atemluft. Der **Hb-CO-Anteil, der einer gegebenen CO-Konzentration in der Atemluft entspricht**, läßt sich aus der 250fach höheren Affinität von Hämoglobin für CO mit der folgenden Formel errechnen:

$$\text{Hb-CO}/\text{Hb-O}_2 = 250 \times \text{PCO}/\text{PO}_2$$

Eine CO-Konzentration von 100 ppm führt noch nicht zu einer nennenwerten Beeinträchtigung (ca. 10% Hb-CO). Der MAK-Wert liegt bei 30 ppm und führt zu Hb-CO-Werten unter 5%. Als lebensgefährlich gelten Hb-CO-Werte über 50% und als letal werden Werte von ca. 65% Hb-CO angesehen. Eine CO-Konzentration von 0,1% (1000 ppm) in der Atemluft führt nach 2-6 h zu letalen Hb-CO-Werten von 60-70%. Bei einer CO-Konzentration von 1% (10.000 ppm) tritt der Tod innerhalb weniger Minuten ein. Die Empfindlichkeit ist bei Anämie, oder sonstigen Erkrankungen, die mit einer erhöhten Hypoxie-Neigung einhergehen, erhöht.

Die Geschwindigkeit mit der sich der erwartete Hb-CO-Anteil einstellt, ist vom

Tabelle 7: Zusammenhang zwischen Hb-CO-Werten und Symptomatik einer CO-Intoxikation.

Hb-CO	Wirkung
< 5%	keine Beeinträchtigung
5 – 10%	Visuseinschränkung
10 – 20%	Kopfschmerz, Herzklopfen und Dyspnoe bei Arbeit
20 – 30%	Zunahme der Beschwerden
30 – 40%	Bewußtseinsverlust, Kreislaufkollaps
40 – 60%	tiefe Bewußtlosigkeit
60 – 70%	letal nach 10 min – 1 h (bei 60 – 70% Hb-Co)
> 70%	letal nach Minuten

Atemminutenvolumen abhängig. **Für eine gegebene CO-Konzentration in der Atemluft steigt die Hb-CO-Konzentration bei schwerer körperlicher Arbeit, d.h. bei gesteigertem Atemminutenvolumen, schneller als in Ruhe**. Da Kinder ein höheres Atemminutenvolumen, bezogen auf ihr Körpergewicht besitzen, reagieren sie auf CO in der Atemluft empfindlicher als Erwachsene.

CO beeinträchtigt auch die Sauerstoffdissoziationskurve des Hämoglobins. Jedes Hämoglobin-Molekül besitzt 4 Bindungsstellen für Sauerstoffmoleküle. Die Besetzung einer Bindungsstelle mit Sauerstoff vergrößert die Affinität der weiteren noch freien Bindungsstellen für Sauerstoff. $Hb(O_2)_3$ hat damit eine höhere Affinität zu O_2 als $Hb(O_2)_2$ oder $Hb(O_2)_1$. Hieraus resultiert die sigmoide Verlaufsform der O_2-Bindungskurve des Hämoglobins.

An Hämoglobin gebundenes CO führt zu einer Zunahme der Affinität von Hämoglobin zu O_2, so daß im Gewebe bei einem bestimmten PO_2 weniger O_2 an die Zellen abgegeben wird. Die Gewebshypoxie wird dadurch weiter verstärkt.

Auch Myoglobin (in Skelettmuskulatur und Herzmuskulatur) bindet CO. Die Affinität von Myoglobin für CO ist nur ca. 40mal höher als für O_2. Da im Gewebe der Sauerstoffpartialdruck niedriger ist als im Blut, ist der Myoglobin-CO-Anteil höher als der Hb-CO-Anteil. CO wird auch an Cytochromoxidasen der Atmungskette und Cytochrom-P450-Oxidasen gebunden. Eine Beeinträchtigung der Funktion dieser Enzyme ist erst bei CO-Konzentrationen in der Atemluft zu erwarten, die weit über der letalen Konzentration liegen.

Therapie der Kohlenmonoxidintoxikation

Die Therapie einer CO-Intoxikation besteht in der **Bergung aus der CO-haltigen Atmosphäre** und in der **Beatmung mit 100%igem Sauerstoff**. Sauerstoff verdrängt Kohlenmonoxid aus seiner Bindung an das Hämoglobin und erhöht somit die herabgesetzte Sauerstofftransportkapazität des Blutes. Bei Luftatmung beträgt die **Eliminations-Halbwertszeit von Kohlenmonoxid 4 – 5 h**. Bei Atmung von 100% O_2 verkürzt sich die Eliminationshalbwertszeit auf 40 min bis 1 – 2 h. Das **Verfahren der Wahl ist die hyperbare Oxygenation (HBO)**. Bei Atmung von 100% O_2 unter hyperbaren Bedingungen in einer üblichen therapeutischen (Tauch-)Tiefe von 18 m (entsprechend einem PO_2: 2,8 bar) beträgt die Eliminations-Halbwertszeit von Kohlenmonoxid nur noch 15 – 30 min. Unter hyperbaren/hyperoxischen Bedingungen ist bei einem inspiratorischen PO_2 von 2,8 bar außerdem ausreichend Sauerstoff im Plasma physikalisch gelöst, um den Bedarf der Gewebe zu decken.

Als Folge der Hypoxie kann ein Hirnödem eintreten (Feststellung durch Computertomographie). Dieses sollte durch Gabe von **Glucocorticoiden** (initial 100 mg Dexamethason i.v., z.B. Fortecortin) und **20%-Mannit-Lösung** (0,5 g/kg KG) therapiert werden.

Prognose der Kohlenmonoxidintoxikation

Wird die akute CO-Intoxikation überlebt, können hypoxische Spätfolgen in Form neurologischer Störungen auftreten. Darüberhinaus können auch hypoxische Schädigungen weiterer Organe induziert werden (z.B. EKG-Veränderungen, Myokardnekrosen, insbesondere beim Vorliegen einer koronaren Herzkrankheit). Bei wiederholter CO-Exposition können sich Organschäden, die unterschwellig bei den einzelnen Expositionen entstanden sind, summieren. Eine chronische CO-Intoxikation bei dauernder Exposition mit niedrigen CO-Konzentrationen ist dagegen nicht zu erwarten.

Tabelle 8: Einteilung von Reizgasen nach ihrer Wasserlöslichkeit.

Wasserlöslichkeit	Reizgase (Beispiele)	Schädigung bzw. Eindringtiefe
Gute Wasserlöslichkeit (lipophob)	Fluor, Chlorwasserstoff, Ammoniak, Formaldehyd, Acrolein	Augen, Larynx, Trachea, obere Atemwege
Mittlere Wasserlöslichkeit	Chlor, Brom, Schwefeldioxid, Isocyanate	Bronchien, Bronchiolen
Geringe Wasserlöslichkeit (lipophil)	Ozon, Nitrosegase, Phosgen, Cadmiumoxid	Alveolen, Kapillaren

2.3. Reiz-und Ätzgase

Die Zusammensetzung von Brandgasen ist, wie schon unter Kap. II 2.1. gesagt, sehr unterschiedlich. Mit Reizgasen, die die Schleimhäute der Augen und des Respirationstraktes reizen und ein toxisches Lungenödem auslösen können, muß immer gerechnet werden. **Sie verursachen eine Proteindenaturierung und Nekrosen,** wobei sich die Eindringtiefe im Respirationstrakt umgekehrt zu ihrer Wasserlöslichkeit verhält. Gut wasserlösliche Stoffe (z.B. Chlorwasserstoff) reizen die Bindehäute der Augen und schlagen sich an den Schleimhäuten des oberen Respirationstraktes nieder (Trachea, Hauptbronchien). Sie besitzen ein relativ niedriges Penetrationsvermögen. **Stoffe mit geringer Wasserlöslichkeit (z.B. Ozon, nitrose Gase, Phosgen) besitzen ein hohes Eindringvermögen und erreichen leicht die Alveolen,** wodurch die große Gefahr eines toxischen Lungenödems besteht. Allerdings ist die Eindringtiefe auch von der Konzentration des Reizgases in der Atemluft abhängig. Somit können auch gut wasserlösliche Stoffe bis zu den Alveolen vordringen. **Mit der Gefahr eines toxischen Lungenödems ist daher in der Praxis bei allen Reizgasen, auch bei Inhalation gut wasserlöslicher Stoffe zu rechnen.**

2.3.1. Symptomatik der Reizgasintoxikation

Bei Einwirkung eines Reizstoffs kommt es zum **Tränen der Augen**, Niesen und Husten. Es kann sich ein **Glottisödem mit Stridor** und ein **Laryngospasmus mit akuter Atemnot** entwickeln. Nach der Inhalation eines Reizstoffs folgt auf die initialen Reizsymptome eine **symptomfreie Latenzperiode** von einigen Stunden bis zu 24-(36)-(48) h. Besonders bei schlecht wasserlöslichen, lipophilen Reizstoffen kann die initiale Symptomatik schwach ausgeprägt sein. Im Anschluß entwickelt sich das toxische Lungenödem mit Dyspnoe, Tachypnoe, Husten mit evtl. blutigem Auswurf und einer respiratorischen Insuffizienz.

2.3.2 Pathogenese des toxischen Lungenödems

Die alveolokapilläre Membran besteht aus Alveozyten mit Surfactant (Substanz, die die Oberflächenspannung in den Alveolen vermindert) an ihrer Oberfläche, dem Interstitium und den Endothelzellen der Kapillaren. Der Sauerstoff, der aus dem Alveolarraum ins Blut und in die Erythrozyten diffundiert, muß normalerweise eine Strecke von 1 μm zurücklegen. **Durch Reiz-und Ätzstoffe wird die alveolokapilläre Membran geschädigt.** Die Permeabilität der Kapillarwand nimmt zu und Plasmawasser und Proteine strömen vermehrt ins Interstitium. **Es entwickelt sich ein interstitielles Lungenödem mit einer Verlängerung der Diffusionsstrecke für Sauerstoff und Kohlendioxid.** Im weiteren Verlauf nimmt das interstitielle Ödem zu und Flüssigkeit tritt in den alveolären Raum. **Es ent-**

wickelt sich ein alveoläres Lungenödem. Im Laufe des Vorgangs entwickelt sich eine **respiratorische Insuffizienz mit arterieller Hypoxämie und Hyperkapnie**. Eine **Zunahme des Gefäßwiderstandes in der Lungenstrombahn** führt zu einer **Druckbelastung und evtl. zum Versagen des rechten Herzens**.

2.3.3. Risikoabschätzung der Entwicklung eines toxischen Lungenödems

Hierzu kann der **Weil-Gradient** verwendet werden (Kolloidosmotischer Druck – pulmonalkapillärer Verschlußdruck). Ein Weil-Gradient < 9 mm Hg weist auf ein drohendes Lungenödem hin. Die Ermittlung des Weil-Gradienten setzt allerdings ein intensivmedizinisches Monitoring, einschließlich eines Pulmonaliskatheters voraus. Dies dürfte bei Patienten nach Reizgasinhalation nur ausnahmsweise der Fall sein. Als weiterer Indikator für eine zunehmende Flüssigkeitsansammlung im thorakalen Raum kann auf einer Röntgen-Thoraxaufnahme (p.a.) die **Gefäßstielweite** (Abgang der **A. subclavia** aus dem Aortenbogen – Rand der V. cava superior an der Kreuzungsstelle mit dem rechten Hauptbronchus = **VPW** „vascular pedicle width") herangezogen werden. Eine Zunahme der VPW um 0,5 cm soll einer Zunahme des intrathorakalen Flüssigkeitsvolumens um 1 l entsprechen.

2.3.4. Prophylaxe des toxischen Lungenödems

Bei jedem Patienten, der möglicherweise Reizgase inhaliert hat, sind Maßnahmen zur Prophylaxe eines toxischen Lungenödems zu treffen. Allgemeine Maßnahmen umfassen das **Ruhigstellen** des Patienten – gegebenenfalls mit Sedierung – und eine **Flüssigkeitsrestriktion**.

Beim bewußtseinsklaren Patienten ist die frühestmögliche **Gabe von Glucocorticosteroiden als Dosieraerosol** indiziert. Glucocorticoide wirken einerseits durch eine Stabilisierung der alveolokapillären Membran. Andererseits werden Entzündungsreaktionen auf vielfältige Weise unterdrückt. Es kommt zu einer Hemmung der Phospholipase und damit zu einer verminderten Freisetzung der Arachidonsäure, aus der Prostaglandine und Leukotriene synthetisiert werden, die als Botenstoffe (Mediatoren) maßgeblich an der Vermittlung und Steuerung der Entzündungsreaktion beteiligt sind. Die Thrombozyten- und Granulozytenaggregation, sowie die Aktivierung von Alveolarmakrophagen werden gehemmt.

Pharmakologisch werden spezifische und unspezifische Corticoidwirkungen unterschieden. **Spezifische Corticoideffekte** sind rezeptorabhängig. Durch Bindung an einen zytosolischen Rezeptor wird im Zellkern die Synthese spezifischer m-RNA und in der Folge die Synthese spezifischer Proteine induziert. Diese vermitteln die spezifischen Corticoidwirkungen, die anhalten, auch wenn das Corticoid bereits abgebaut worden ist (Triggereffekt). Zur Auslösung spezifischer Effekte sind bereits niedrige Corticoidkonzentrationen ausreichend (10^{-9}–10^{-8} mol/l). Die pharmakodynamischen Wirkungen treten mit einer Latenzzeit von 30 min bis zu mehreren Stunden ein.

Die **unspezifischen Corticoidwirkungen** beruhen auf Veränderungen der physikochemischen Eigenschaften von Membranen. Auch präformierte zelluläre Proteine könnten dabei aktiviert werden. Zur Erzielung unspezifischer Effekte sind deutlich höhere Konzentrationen notwendig ($> 10^{-6}$ mol/l). Die unspezifischen Corticoideffekte treten bereits wenige Minuten nach Applikation ein und halten nur so lange an, wie ausreichende Corticoidkonzentrationen vorliegen.

Zur Prophylaxe eines toxischen Lungenödems empfiehlt sich eine **inhalative Corticoidapplikation**. Der Vorteil der inhalativen Applikation liegt in der **Erzielung hoher lokaler Konzentrationen bei niedriger systemischer Belastung**. Inhalative Corticoide unterscheiden sich in ihren pharmakokinetischen Eigenschaften und in ihrer pharmakodynamischen Potenz.

Tabelle 9: Prophylaktische Wirkung von inhalativen Corticoiden (Inhalation über 30 min vor Reizgas-Applikation) auf die Entwicklung eines toxischen Lungenödems bei der Ratte (100–105 ppm NO_2 über 30 min). C: Konzentration des Corticoids im inhalierten Aerosol. Bestimmung des Wassergehalts der Lungen 8 h nach NO_2-Applikation bezogen auf 100 g Körpergewicht (Mittelwert ± SEM). Daten aus Engelhard (1987).

	C (µg/l)	Lungenwasser (mg/100 g KG)	Ödem-Reduktion (%)
Kontrollgruppe		713,9 ± 1,5	100
NO_2-Kontrolle		1148,8 ± 12,2	0
Dexamethason-Isonikotinat	14	1106,3 ± 75,1	9,8
	28	815,8 ± 6,4	76,5
	56	765,6 ± 2,3	88,1
Beclomethason-Dipropionat	56	1186,7 ± 115,7	−8,7
	112	928,9 ± 53,1	50,6

Tabelle 10: Prophylaktische Wirkung von Corticoiden auf die Entwicklung eines toxischen Lungenödems bei der Ratte (intraperitoneale Applikation 30 min vor Reizgas-Applikation, 100–105 ppm NO_2 über 30 min). Bestimmung des Wassergehalts der Lungen 8 h nach NO_2-Applikation bezogen auf 100 g Körpergewicht. ED_{50}: Effektive Dosis 50% zur Lungenödemreduktion (Mittelwert ± SEM). Daten aus Engelhard (1987).

	Dosis (mg/kg)	Lungenwasser (mg/100g KG)	Ödem-Reduktion (%)	ED_{50} (mg/kg)
Kontrollgruppe		659,6 ± 16,0	100	
NO_2		1062,4 ± 39,4	0	
Dexamethason-Isonikotinat	0,313	1006,8 ± 56,1	13,8	1,44
	0,625	972,1 ± 79,2	22,4	
	1,250	895,6 ± 64,9	41,4	
	2,50	771,6 ± 44,4	72,2	
	5,0	731,1 ± 17,3	80,8	
Dexamethason-dihydrogenphosphat	8,0	1046,6 ± 68,2	3,9	48,7
	16,0	1019,4 ± 84,7	10,7	
	32,0	875,2 ± 37,2	46,5	
	64,0	840,6 ± 40,1	55,1	
Dexamethason	1,25	1080,2 ± 69,1	−4,4	13,7
	2,50	969,2 ± 55,9	23,1	
	5,00	947,5 ± 44,1	28,5	
	10,0	882,1 ± 32,5	44,8	
	20,0	839,2 ± 30,9	55,4	
Methylprednisolon-Hydrogensuccinat	50	1095,5 ± 67,0	−8,2	135
	71	1041,9 ± 49,7	5,1	
	100	875,9 ± 44,8	46,3	
	200	788,1 ± 16,9	68,1	

Zur Prophylaxe eines toxischen Lungenödems ist in der BRD nur Auxiloson® (Inhaltsstoff: Dexamethason-Isonikotinat), siehe auch **(Abb. 6)** zugelassen. Es sollten unverzüglich nach Reizgasinhalation 5 Hübe à 0,125 mg appliziert werden, gefolgt von 2 Hüben alle 5 – 10 min (ca. 150 Hübe) bis zur Leerung der ersten Packung (Spörri, 1989).

Die Überlegenheit von Dexamethason-Isonikotinat zur Vorbeugung eines durch nitrose Gase ausgelösten toxischen Lungenödems (100 ppm NO_2 über 30 min) gegenüber Beclomethason-17,21-Dipropionat per inhalationem wurde im Tierversuch an Ratten nachgewiesen (Engelhard, 1987). In der gleichen Untersuchung wurde auch die Überlegenheit von Dexamethason-21-Isonikotinat gegenüber Dexamethason (freier Alkohol), Dexamethason-21-Dihydrogenphosphat oder 6-alpha-Methylprednisolon-21-Dihydrogensuccinat nach intraperitonealer Applikation gezeigt. In beiden Fällen wurden die Corticoide allerdings vor Einwirkung des Reizgases appliziert.
Der klinische Wirksamkeitsnachweis von Dexamethason-Isonikotinat stützt sich nur auf klinische Erfahrung, die aus der fast ausschließlichen Anwendung dieses Wirkstoffes zur Prophylaxe des toxischen Lungenödems resultiert. Aus theoretisch-pharmakologischer Sicht kann eine Überlegenheit von Dexamethason-Isonikotinat gegenüber anderen Corticoiden nicht begründet werden. Dexamethason-Isonikotinat besitzt nur eine geringe Affinität zum zytosolischen Corticoidrezeptor. Zur Entfaltung seiner vollen Wirksamkeit ist seine Hydrolyse zum potenteren Dexamethason notwendig. Die Aktivität der hierfür notwendigen unspezifischen Esterasen ist im Bronchialsekret allerdings gering. Dexamethason-Isonikotinat wird über die Lungen auch nur mäßig resorbiert. Die oralwärts gerichtete mukoziliäre Clearance führt dazu, daß ein Teil des inhalierten Dexamethason-Isonikotinats verschluckt und enteral resorbiert wird. Nach Resorption entsteht durch Hydrolyse Dexamethason, das überwiegend systemisch wirksam ist. Beclomethason-Dipropionat wird über die Lungen besser resorbiert als Dexamethason-Isonikotinat und überwiegend in der Leber zu Beclomethason-Monopropionat metabolisiert. Obwohl Beclomethason-Dipropionat eine höhere Affinität zum Corticoidrezeptor besitzt, ist auch für Beclomethason-Dipropionat das Verhältnis von topischer Wirkung zur systemischen Wirkung ungünstig.
Budesonid und Flunisolid sind keine Prodrugs, sondern liegen bereits in ihrer aktiven Form vor. Budesonid besitzt eine höhere Rezeptorbindungsaffinität als Flunisolid. Darüberhinaus ist die systemische Verfügbarkeit von Budesonid geringer. Auch die topische antiinflammatorische Wirkung von Budesonid an der menschlichen Haut ist stärker als diejenige der anderen Corticoide.

Obwohl zur Prophylaxe des toxischen Lungenödems bisher fast ausschließlich Dexamethason-Isonikotinat verwendet worden ist, muß der Exklusivitätsanspruch für diese Indikation aus theoretisch-pharmakologischer Sicht bestritten werden. Aufgrund seiner Substanzeigenschaften scheint unter den verfügbaren inhalativen Corticoiden **Budesonid** (Pulmicort®) die günstigere Substanz darzustellen **(siehe Abb. 7)**. Dem entspricht die teilweise in der neueren Literatur geäußerte Empfehlung der Anwendung von Budesonid (Pulmicort®) zur Prophylaxe des toxischen Lungenödems (Budesonid: Initial 10 Hübe, in der 1. h: 5 Hübe alle 10 min, 2 – 4 h: 5 Hübe alle 30 min, dann stündlich 5 Hübe bis zur Leerung der Packung, ca. 100 Hübe).

Von besonderer Bedeutung ist aber auch die korrekte Applikation des Dosieraerosols. **Es sollte wenn immer möglich zur besseren**

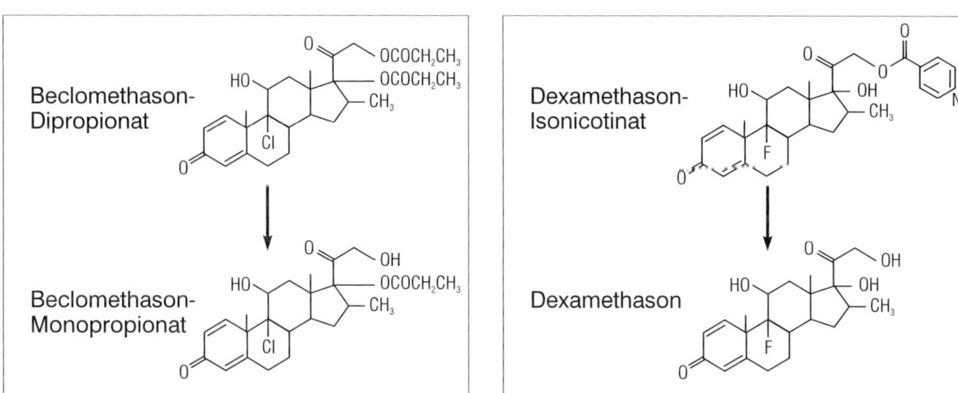

Abb. 6: In-vivo-Hydrolyse von Beclomethason-Dipropionat zu Beclomethason-Monopropionat und von Dexamethason-21-Isonikotinat (Prodrug) zu Dexamethason.

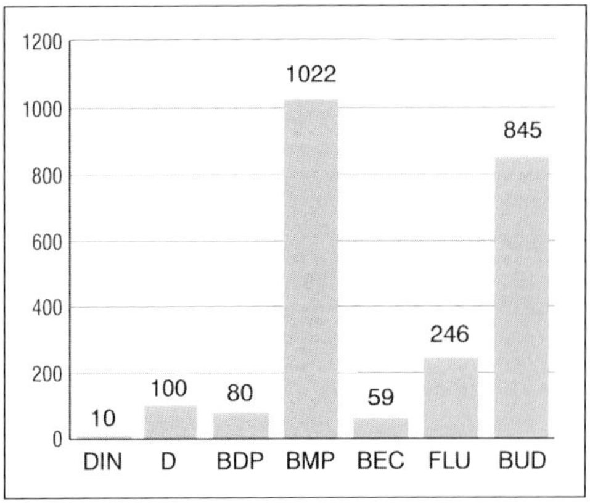

Abb. 7: Relative Bindungsaffinität verschiedener inhalativ eingesetzter Glukokortikoide zum Glukokortikoidrezeptor der menschlichen Lunge.
DIN: Dexamethason-Isonikotinat, D: Dexamethason, BDP: Beclomethasondipropionat, BMP: Beclomethasonmonopropionat, BEC: Beclomethason, FLU: Flunisolid, BUD: Budesonid. Aus: Möllmann et al. (1989)

Verteilung des Aerosols eine Inhalationshilfe (Spacer) verwendet werden.

Bei Verdacht auf massive Reizgasinhalation empfiehlt sich bereits zur Prophylaxe die intravenöse Verabreichung von Glucocorticoiden. Eine zusätzliche inhalative Glucocorticoid-Gabe ist unterstützend möglich. Auch bei bereits manifestem Lungenödem müssen Corticosteroide parenteral zugeführt werden.

Zur intravenösen Anwendung stehen Corticoide in Form ihrer wasserlöslichen Phosphat- oder Hemisuccinatester zur Verfügung **(siehe Abb. 8)**. Diese Prodrugs besitzen eine niedrige Potenz und müssen zur Entwicklung ihrer vollen Wirksamkeit erst im Organismus hydrolysiert werden. Die Phosphatester werden schneller hydrolysiert als die Hemisuccinatester, so daß bei Anwendung von Dexamethason-Phosphat oder Triamcinolonacetonid-Phosphat maximale Serumkonzentrationen der potenten Steroidalkohole ca. 10 – 15 min früher erreicht werden als bei Anwendung von Prednisolon- oder Methylprednisolonhemisuccinat. Prednisolon, Methylprednisolon und Dexamethason weisen eine deutlich längere Eliminationshalbwertszeit als Triamcinolonacetonid auf (s. Tab. 11).

Von Bedeutung für die Therapie des toxischen Lungenödems ist der Konzentrationsverlauf der verschiedenen Corticoide im Lungengewebe **(siehe Abb. 9)**, sowie deren Bindungsaffinität zu den lokalen Corticoidrezeptoren. Vergleichende Untersuchungsergebnisse sprechen dafür, daß bei Anwendung von Methylprednisolon und Triamcinolonacetonid über längere Zeit im interstitiellen Lungengewebe höhere Konzentrationen aufrechterhalten werden. Triamcinolonacetonid weist darüber hinaus unter den Corticoiden zur intravenösen Applikation die höchste Bindungsaffinität zu den Corticoidrezeptoren des menschlichen Lungengewebes auf. Zur Therapie des toxischen Lungenödems eignen sich daher besonders Triamcinolon-

Tabelle 11: Eliminationshalbwertszeit verschiedener intravenös applizierter Glukokortikoide.
Angaben aus Möllmann et al. (1989)

Kortikoid	C21-Ester	Halbwertszeit (min)	
		Ester	Alkohol
Prednisolon (Solu-Decortin H®)	Hemisuccinat	23	222
Methylprednisolon (Urbason®)	Hemisuccinat	36	162
Dexamethason (Fortecortin®)	Phosphat	9	210
Triamcinolonacetonid (Volon A®)	Phosphat	9	88

Tabelle 12: Behandlungsschema beim toxischen Lungenödem
von Albrecht (1988, 1997) auf der Grundlage der Empfehlungen von Helm und Renovanz (1975)

Zeitpunkt	Dosis Prednisolon-21-hydrogensuccinat/Verabreichungsmodus
initial	1000 mg i.v. als Bolus
1. Tag	1000 mg per infusionem
2. – 3. Tag	800 mg per infusionem
4. – 5. Tag	700 mg per infusionem
6. – 7. Tag	500 mg per infusionem
8. – 11. Tag	Reduktion um 100 mg/d
12. – 16. Tag	Reduktion um 10 mg/d
17. Tag	Übergang auf orale Medikation

acetonid und Methylprednisolon. Dafür sollen Dexamethason und Prednisolon besonders an der bronchoalveolären Oberfläche wirksam sein und sich zur Therapie oberflächlicher Entzündungen der Bronchien eignen.

V. Mühlendahl (siehe Literaturverzeichnis zu Teil I) empfiehlt zur Therapie eines toxischen Lungenödems zunächst 3 x 1 g Methylprednisolon/Tag. Ein weiteres Behandlungsschema mit Anwendung von Prednisolon ist in Tabelle 12 aufgeführt. Die Glucocorticoid-Therapie sollte über mindestens 8 Wochen weitergeführt werden. Teilweise ist eine Glucocorticoid-Therapie über Monate notwendig. Bei **Bronchospasmen** sind zusätzlich Bronchodilatatoren (ß-Sympathomimetika, z.B. Salbutamol; Salbulair® i.v.) und/oder Theophyllin (5 mg/kg KG Euphyllin® i.v.) indiziert. Bei **respiratorischer Insuffizienz** ist in Abhängigkeit des Schweregrades die Gabe von O_2 über Nasensonde oder Maske, CPAP-Atmung oder die Intubation mit kontrollierter Ventilation und PEEP indiziert. Die Intensivtherapie (Respiratortherapie, medika-

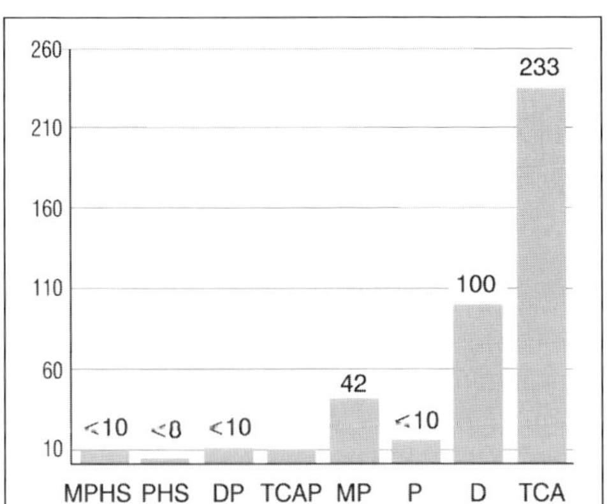

Abb. 8: Relative Bindungsaffinität verschiedener intravenös eingesetzter Glukokortikoide zum Glukokortikoidrezeptor der menschlichen Lunge. MPHS: Methylprednisolon-21-hemisuccinat, PHS: Prednisolon-21-hemisuccinat, DP: Dexamethason-21-phosphat, TCAP: Triamcinolonacetonid-21-phosphat, MP: Methylprednisolon, P: Prednisolon, D: Dexamethason, TCA: Triamcinolonacetonid. Nach: Möllmann et al. (1989)

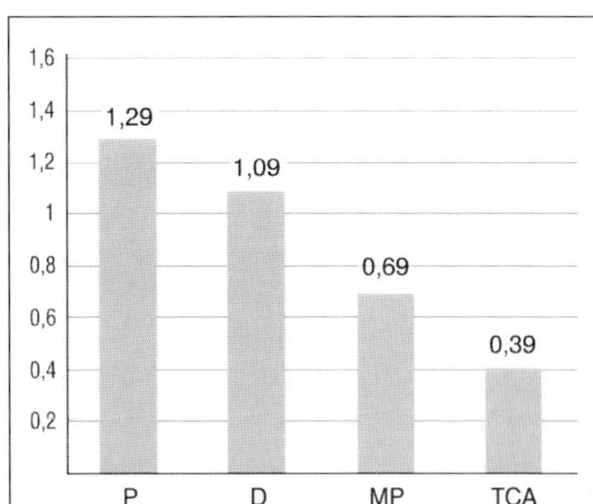

Abb. 9: Verhältnis der Plasmakonzentration verschiedener Glukokortikoide zur Konzentration in der bronchoalveolären Lavageflüssigkeit nach intravenöser Applikation der entsprechenden Glukokortikoide als Phosphat-oder Hemisuccinatester. P: Prednisolon-OH, D: Dexamethason-OH, MP: Methylprednisolon-OH, TCA: Triamcinolonacetonid-OH.
Nach: Möllmann et al. (1989)

mentöse Therapie mit Furosemid und Katecholaminen) entspricht der Behandlung des ARDS (acute respiratory distress syndrome = akutes Lungenversagen).

2.4. Blausäure (Cyanid)

Blausäure **entsteht bei der Verbrennung/Verschwelung von Stickstoffhaltigem organischem Material** (Wolle, Seide, Nylon, Polyurethan **(siehe Abb. 10)**, Polyacrylnitril). Die Blausäure-Bildung ist temperaturabhängig. Die Blausäure-Konzentration in Brandgasen hängt daher stark ab vom brennenden Material und den momentanen Temperaturverhältnissen im Brandherd, die sich im Laufe des Geschehens verändern. Modellversuche zur Entwicklung von toxischen Gasen bei Verbrennung von Polyurethan zeigen, daß hohe, toxikologisch relevante Blausäure-Konzentrationen zu Beginn eines Brandgeschehens vorliegen können, um im weiteren Verlauf auf niedrige Werte abzufallen (Binder et al., 1982). Die Tatsache, daß bei Ankunft der Feuerwehr keine Blausäure nachweisbar ist, spricht daher nicht zwangsläufig gegen eine Blausäure-Intoxikation bei Brandopfern.

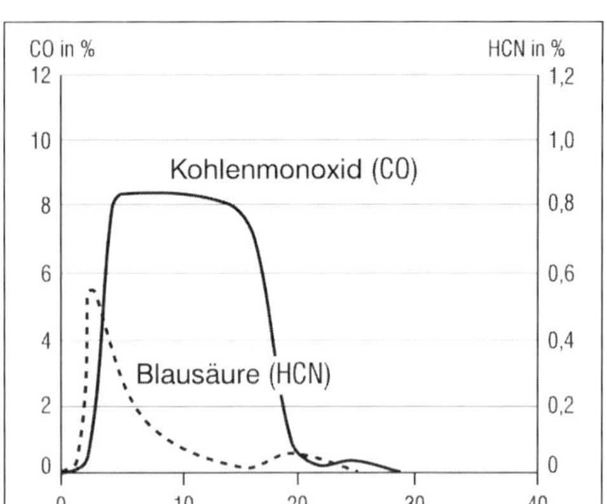

Abb. 10: Entwicklung von Kohlenmonoxid (–) und Blausäure (...) bei der Verbrennung von Polyurethan. Aus: Woolley (1973) und Binder et al. (1982)

Epidemiologie

Cyanid-Konzentrationen im Blut von Brandopfern wurden in verschiedenen Studien untersucht, um die Relevanz einer **Blausäure-Intoxikation bei Bränden** zu ermitteln. Cyanid ist in geringer Konzentration auch im Blut gesunder Referenzkollektive nachweisbar (Nichtraucher: 0,0 – 0,30 mg/l, Raucher: 0,03 – 0,5 mg/l; Durchschnitt verschiedener Studien: 0,01 – 0,27 mg/l (Barillo et al., 1994)). Mittlere letale Cyanid-Konzentrationen werden mit 2,6 – 5 mg/l angegeben. Bei der Interpretation von Cyanid-Konzentrationen, die in Studien ermittelt wurden, muß berücksichtigt werden, daß die Blutentnahmen zu sehr unterschiedlichen Zeitpunkten erfolgten, z.T. erst im Rahmen von Obduktionen, und nur teilweise an lebenden Brandopfern unmittelbar nach Bergung aus dem Brandherd.

Eine Übersicht über publizierte Cyanid-Konzentrationen bei Brandopfern, sowie eine eigene retrospektive Untersuchung von 364 Fällen findet sich bei Barillo et al. (1994). Retrospektiv wurde der Einfluß von Kohlenmonoxid und Blausäure bei 433 Brandopfern untersucht, die am gerichtsmedizinischen Institut von New Jersey (New Jersey State Medical Examiners Office) eingeliefert wurden (341 Opfer von Gebäudebränden, 55 Kraftfahrzeugbrände, 3 Flugzeugbrände, 4 Industriebrände, 30 nicht zugeordnete Fälle). 322 der Opfer verstarben im Brandherd, 56 wurden vor Todeseintritt präklinisch/klinisch behandelt. Hb-CO-Werte lagen für alle 433 Opfer vor und waren in 375 Fällen erhöht (> 10%). In 195 Fällen lagen die Hb-CO-Werte > 50%. Nachweisbare Cyanid-Konzentrationen lagen in 364 Fällen vor, davon in 31 Fällen in letaler Konzentration über 3 mg/l. Der mittlere Hb-CO-Wert lag in diesen Fällen bei 62,5%. Der Korrelationskoeffizient zwischen den Hb-CO-Werten und den Cyanid-Konzentrationen betrug für alle dokumentierten Fälle 0,33. Somit kann aus einem hohen Hb-CO-Wert nicht unbedingt auf das Vorliegen einer hohen, toxikologisch relevanten Cyanid-Konzentration geschlossen werden. Barillo et al. kommen auf der Grundlage der eigenen retrospektiv ermittelten

Zahlen, sowie der in der Literatur publizierten Zahlen zu dem Ergebnis, daß Cyanid-Intoxikationen bei Brandopfern verhältnismäßig selten auftreten und meist mit sehr hohen Hb-CO-Werten vergesellschaftet sind.

Von besonderem Interesse sind die Untersuchungen von Baud et al. (1991), die am Ort des Geschehens bei 109 Brandopfern vor Therapiebeginn Blutproben zur Cyanidbestimmung gewannen. Unter den 43 nichtüberlebenden Brandopfern lag die Cyanid-Konzentration bei 32 Opfern (74%) über 40 µmol/l (1,0 mg/l; toxische Konzentration) und darunter bei 20 Opfern (46%) über 100 µmol/l (2,6 mg/l; letale Konzentration). 27 der Brandopfer zeigten Brandwunden, und bei 13 betrug die Wundoberfläche über 80% der Körperoberfläche. Eine signifikante Korrelation zwischen dem Ausmaß der Brandverletzungen und den Cyanid- oder Kohlenmonoxid-Konzentrationen bestand nicht. Von 6 Patienten wurden 2 oder 3 Blutproben vor Beginn einer Antidottherapie (s.u.) entnommen. Die Eliminationshalbwertszeit für Cyanid wurde dabei mit etwa 1 h ermittelt.

Den Ergebnissen von Baud et al. (1991) muß ein besonderes Gewicht beigemessen werden, da die Blutentnahmen frühzeitig nach Bergung der Opfer erfolgten. Der rasche Abfall der Cyanid-Konzentrationen belegt, daß Konzentrationsbestimmungen zu späteren Zeitpunkten zu irrigen Annahmen führen können. Es muß daher davon ausgegangen werden, daß lebensbedrohliche Cyanid-Intoxikationen durch Einwirkung von Brandgasen nicht selten sind, auch wenn derzeit nur wenige verläßliche Studien zur Häufigkeit vorliegen.

Pathophysiologie und Metabolismus

Blausäure wird pulmonal rasch resorbiert und kann innerhalb von Sekunden bis Minuten zu Vergiftungserscheinungen führen. In der Literatur beschriebene „Sekundentodesfälle" dürften allerdings sehr selten sein. Cyanid wird im Organismus rasch entgiftet und unter der Einwirkung des Enzyms Rhodanase an Schwefel gekoppelt. Das entstehende Thiocyanat (= Rhodanid) ist weit weniger toxisch als Cyanid und wird größtenteils unverändert renal ausgeschieden. Die Entgiftungsgeschwindigkeit von Cyanid beträgt 0,1 mg/kg KG/h (Mensch) bis 1 mg/kg KG/h (Tierversuche). Limitierend für die Entgiftung von Cyanid ist die Verfügbarkeit von Schwefel aus dem Intermediärstoffwechsel.

Das Cyanidion hat eine hohe Affinität zu bestimmten Schwermetallionen, insbesondere auch zu dreiwertigem (nicht zu zweiwertigem) Eisen.

Durch Bindung an das dreiwertige Eisen von Cytochromoxidasen blockiert Cyanid die mitochondriale Atmungskette. Sauerstoff kann für die zelluläre Atmung nicht mehr aktiviert werden. Es kommt zur inneren Erstickung.

Tabelle 13: Ergebnisse der Studie zum Vorliegen einer Cyanid-Intoxikation bei Brandopfern von Baud et al. (1991) (Mittelwerte ± SD) (toxische CO-Konzentration > 1,0 mmol/l, letale CO-Konzentration > 5,8 mmol/l; toxische HCN-Konzentration > 40 µmol/l = 1,0 mg/l, letale HCN-Konzentration > 100 µmol/l = 2,6 mg/l).

	n	CO (mmol/l)	HCN (µmol/l)
Kontrollgruppe	114	--	5,0 ± 5,5
Brandopfer insgesamt	109	1,5 ± 1,7	59,0 ± 77,9
Überlebende	66	0,7 ± 0,7	21,6 ± 36,4
Verstorbene	43	2,8 ± 2,0	116,4 ± 89,6

Symptomatik der Cyanid-Intoxikation

Leichte Cyanid-Intoxikationen führen zu Konzentrationsstörungen, Druckgefühl im Kopf, Angstgefühl, Atemnot, Tachypnoe, vertiefte Atmung, retrosternale Schmerzen, Herzklopfen, Übelkeit und Erbrechen. In schweren Fällen findet man Bewußtlosigkeit, Mydriasis, Krampfanfälle, Schnappatmung, Atemstillstand, Herzstillstand.

Die **Haut ist typischerweise rosig**, was gelegentlich zu Fehleinschätzungen des Vitalzustandes führt.

Bei bewußtlosen Brandopfern ist zunächst immer von einer Kohlenmonoxid(CO)-Intoxikation auszugehen. Eine zusätzlich vorliegende Cyanid-Intoxikation kann am Ort des Geschehens vermutet, aber nicht mit Sicherheit festgestellt oder ausgeschlossen werden.

Therapie der Cyanid-Intoxikation

Eine alleinige **kardiopulmonale Reanimation** ist bei einer schweren Cyanid-Intoxikation nicht ausreichend, da die Blockierung der Atmungskette dadurch nicht beseitigt wird. **Es besteht eine absolute vitale Indikation für den Einsatz geeigneter Antidote:**

Anwendung finden **Methämoglobinbildner** (Dimethylparaaminophenol (DMAP), Amylnitrit, oder Natriumnitrit), die zweiwertiges Eisen im Hämoglobin (Hb) zu dreiwertigem Eisen oxidieren. Das dreiwertige Eisen im Methämoglobin (Met-Hb) bindet Cyanidionen, die von den Cytochromoxidasen der Atmungskette abgezogen werden. **Mittel der Wahl ist DMAP** in einer Dosierung von 3–4 mg/kg KG i.v. (entspr. 1 Amp. = 250 mg bei Erwachsenen). Diese Dosierung erzeugt innerhalb weniger Minuten eine Umwandlung von etwa 30% des Hb in Met-Hb (15% Met-Hb nach 1 min, 30–35% Met-Hb nach 15 min). Bei einem gesunden und nicht-anämischen Erwachsenen sind 30% Met-Hb ungefährlich. Es entsteht eine Bindungskapazität für Cyanidionen, die in etwa dem 5fachen der Dosis letalis entspricht. Eine nennenswerte Beeinflussung von Atmung oder Kreislauf findet durch DMAP nicht statt, hingegen kann eine leichte Hämolyse ausgelöst werden. Nephrotoxische Effekte wurden bei Ratten beschrieben. Die Angaben zu einer möglichen Mutagenität sind widersprüchlich. DMAP sollte vorzugsweise – wie alle Medikamente in Notfallsituationen – intravenös (i.v.) verabreicht werden. Eine intramuskuläre (i.m.) Applikation von DMAP sollte nur ausnahmsweise bei fehlendem venösen Zugang erfolgen, da sie zu schmerzhaften Muskelnekrosen führt, die mit Bewegungseinschränkungen und Fieber assoziiert sind. Eine wiederholte Applikation von DMAP bei Erfolglosigkeit sollte unterlassen werden, da hierdurch bedrohliche Methämoglobinämien erzeugt werden (körpereigene Reduktion von Met-Hb: 5–7%/h).

Tabelle 14: Auswirkungen verschiedener Blausäure-Konzentrationen (ppm) in der Atemluft auf den Menschen. Angaben aus Binder et al. (1982)

HCN (ppm)	Symptome
0,2 – 5,1	Geruchsschwelle (Bittermandelgeruch)
10	MAK-und TLV-Wert
18 – 36	Kopfschmerzen nach Stunden
100	tödlich nach 60 min
135	tödlich nach 30 min
181	tödlich nach 10 min
280	sofort tödlich

Amylnitrit und **Natriumnitrit** ($NaNO_2$) sind Mittel der zweiten Wahl. Durch Inhalation von 2 zerdrückten Ampullen Amylnitrit werden ca. 5 – 10% Met-Hb erzeugt. Eine genaue Dosierung ist nicht möglich. Eine Blutdrucksenkung ist nach Amylnitrit-Inhalation zu erwarten. Trotz der langsamen Met-Hb-Bildung ist von iranischer Seite über eine zufriedenstellende Wirkung im I. Golfkrieg berichtet worden. Durch Natriumnitrit wird Met-Hb sehr viel langsamer gebildet als durch DMAP (4 mg/kg KG i.v.: 6% Met-Hb nach 30 min, Blutdrucksenkung um 20%; üblicherweise empfohlene Dosierung: 6 – 10 mg/kg i.v.: 20% Met-Hb nach 60 min). Im Vergleich zu DMAP verursacht Natriumnitrit eine ausgeprägte (orthostatische) Hypotonie.

Cyanid wird auch durch **Vitamin B_{12} in der Form des Hydroxocobalamins** gebunden. Das entstehende Cyanocobalamin wird anschließend unverändert renal ausgeschieden ($T_{1/2}$ von Cyanocobalamin beim Hund: 62,6 min). Benötigt werden hohe Dosen: 1 mol Hydroxocobalamin bindet 1 mol Cyanid. Zur Bindung einer einfachen Dosis letalis von Blausäure (1 mg/kg) werden 50 mg/kg Hydroxocobalamin (MG 1388) benötigt. Die bei Cyanid-Intoxikationen empfohlene Dosierung liegt bei etwa 4–8g. Hohe Hydroxocobalamin-Dosen sind gut verträglich. Eine entsprechende hochkonzentrierte Hydroxocobalamin-Zubereitung (5%-Lösung), ist derzeit bereits in Frankreich verfügbar (Cyanokit® Anphar Rolland).

Natriumthiosulfat ($Na_2S_2O_3$): Wie bereits oben beschrieben, wird Cyanid durch das Enzym Rhodanase zu Thiocyanat (Rhodanid) metabolisiert, das renal ausgeschieden wird. Die Entgiftung von Cyanid wird durch die Verfügbarkeit von Schwefel limitiert und kann durch Gabe von Natriumthiosulfat beschleunigt werden (0,1 – 0,25 g/kg i.v., $Na_2S_2O_3$ 10% i.v.). Natriumthiosulfat ist auch in hohen Dosen gut verträglich (toxische Wirkungen bei >1g/kg KG). Es wird rasch eliminiert ($T_{1/2}$ beim Menschen : 15 – 20 min). Die alleinige Natriumthiosulfat-Gabe ist bei leichten Intoxikationen ausreichend. Bei schweren Intoxikationen erfolgt der Wirkungseintritt zu langsam, und es muß auch ein Antidot zur raschen Cyanid-Bindung verabreicht werden. **Die kombinierte Gabe von DMAP/$Na_2S_2O_3$ kann derzeit – bis zur Verfügbarkeit hochkonzentrierter Vitamin B_{12} Präparate – als Mittel der Wahl angesehen werden.** Natriumthiosulfat kann durch die gleiche Kanüle wie DMAP verabreicht werden. Natriumthiosulfat sollte allerdings nicht mit Hydroxocobalamin gemischt oder zusammen appliziert werden, da Hydroxocobalamin-Thiosulfat-Komplexe gebildet werden, die Cyanid nicht mehr binden können.

Kobaltverbindungen bilden mit Cyanid stabile Komplexe und sind daher theoretisch als rasch wirksame Antidote bei Cyanid-Intoxikationen geeignet. Kobalt(II)-Salze besitzen allerdings eine erhebliche Eigentoxizität (gastroenteritische Erscheinungen, kardiotoxische Wirkung), die ihre Anwendung ausschließt. Empfohlen wurde die Applikation von Co_2(EDTA) (Kelocyanor) in einer Dosierung von 300 – 600 mg i.v. Aber auch die Anwendung von Co_2(EDTA) ist mit erheblichen Nebenwirkungen behaftet (Hypotonie). Sinnvoll wäre eine Dosierung, die der vorliegenden Cyanidmenge angepaßt ist und somit zu einer gegenseitigen Entgiftung führt. Eine solche Forderung erscheint in der Praxis unrealistisch, so daß von der Anwendung von CO_2(EDTA) abzuraten ist.

Therapie-Besonderheiten bei der Cyanidintoxikation von Brandopfern

Bei der Therapie einer Cyanid-Intoxikation muß eine **gleichzeitige Kohlenmonoxid-Intoxikation** beachtet werden. Durch Kohlenmonoxid ist ein Teil des Hämoglobins belegt und die Sauerstofftransportkapazität des Blutes in einem nicht bekannten Umfang bereits herabgesetzt. Durch Gabe eines Methämoglobinbildners (DMPA) wird die Sauerstofftransportkapazität weiter herabgesetzt.

> Eine nicht-lebensbedrohliche Kohlenmonoxid-Intoxikation (z.B. 30% Hb-CO) kann durch Gabe von DMAP in der üblicherweise empfohlenen Dosis (3 – 4 mg/kg, 30% Met-Hb) in einen lebensbedrohlichen Zustand übergehen.

Den Empfehlungen der neueren Literatur entsprechend, scheint es sinnvoll, die DMAP-Dosis zu reduzieren (1 – 2 mg/kg), solange die vorliegende Hb-CO-Konzentration nicht bekannt ist. Eine sinnvolle Alternative zur Anwendung von Methämoglobin-Bildnern ist die Gabe von Hydroxocobalamin, falls eine entsprechende Zubereitung auch in Deutschland verfügbar wird.

Es soll an dieser Stelle darauf hingewiesen werden, daß trotz der Bedeutung der Antidot-Therapie ggfl. auch kardiopulmonale Reanimationsmaßnahmen durchgeführt werden müssen. Die klinische Erfahrung zeigt, daß eine **Beatmung mit reinem Sauerstoff** (100% O_2) geeignet ist, die Cyanid-Toxizität zu reduzieren (vermuteter Mechanismus ist eine Förderung der intrazellulären Cyanid-insensitiven Restatmung über Autooxidation des Ubichinons bzw. die Ausschöpfung des Potentials der oxidativen Phosphorylierung, die bei einem intrazellulären PO_2 von 40 mm Hg nur zu 60% ausgeschöpft ist).

2.5. Dioxine, Furane, Polychlorierte Biphenyle und polyzyklische aromatische Kohlenwasserstoffe

Polychlorierte Dibenzo-p-Dioxine **(Dioxine)** und Dibenzo-p-Furane **(Furane)** sind hochsiedende und wenig flüchtige Verbindungen, die bei der Verbrennung von chlorhaltigen Kohlenwasserstoffen entstehen können. Es sind zahlreiche Kongenere (chemische Varianten) mit sehr unterschiedlicher Toxizität bekannt. Der bekannteste Vertreter ist das 2,3,7,8-Tetrachlorodibenzodioxin (TCDD, „Seveso-Gift"). Die Toxizität einzelner Kongenere aus der Gruppe der Dioxine, oder von Dioxingemischen, wird im Verhältnis zur Toxizität des TCDD angegeben (ITEF: internationale Toxizitäts-Äquivalenz-Faktoren oder ITEQ: -Quotient). Diese Definitionsweise ist allerdings unbefriedigend, da bei Dioxingemischen, wie man sie gerade auch in Brandgasen vorfindet, eine rein additive toxische Wirkung der einzelnen Dioxine vorausgesetzt wird.

Dioxine und Furane werden **im Brandrauch an Partikel (Ruß, Asche) adsorbiert**, die als Vehikel für die Inhalation dienen. Eine akute Intoxikation führt zu Reizung der Konjunktiven und der Atemwege, zu Leberschäden, Hautentzündungen (Chlorakne), Kopfschmerzen und Neuropathien. Die kanzerogene Wirkung resultiert wahrscheinlich aus den Promotor-Eigenschaften der Dioxine (Wachstumsförderung kanzerogen initiierten Gewebes).

Polychlorierte Biphenyle (PCB) sind Flüssigkeiten mit zahlreichen technischen Anwendungen (Weichmacher in Kunststoffen, Isolierflüssigkeiten- und Massen), deren Einsatz gesetzlich stark eingeschränkt worden ist. PCB werden insbesondere als Kühl- und Isolierflüssigkeiten in elektrischen Anlagen verwendet (Transformatoren, Kondensatoren). Die akute Toxizität von PCB als Atemgift ist verhältnismäßig gering. Es kann durch Einwirkung von PCB zu Schwächegefühl, Sehstörungen, Parästhesien, Ödeme der Augenlider und Leberfunktionsstörungen kommen. Bei Temperaturen zwischen 300 und 1000°C kommt es zur thermischen Zersetzung von PCB. Hierbei entstehen auch Dioxine und Furane, die eine eigenständige Gefährdung darstellen.

Polyzyklische aromatische Kohlenwasserstoffe (PAK) werden bei der unvollständigen Verbrennung von organischem Material gebildet. Sie treten in unterschiedlicher Zusammensetzung in praktisch allen Brandgasen auf. Sie besitzen eine geringe Flüchtigkeit und werden an Partikel adsorbiert inhaliert. Verschiedene dieser Stoffe sind kanzerogen.

2.6. Zusammenfassung

Bei der Behandlung von Brandopfern muß aus toxikologischer Sicht insbesondere an die Einwirkung von Reizgasen, sowie an eine Kohlenmonoxid- und Blausäure-Intoxikation gedacht werden.

Zur **Prophylaxe eines toxischen Lungenödems** sind ein Ruhigstellen des Patienten (ggf. Sedierung), Flüssigkeitsrestriktion und die frühestmögliche Gabe von Dexamethason-Isonikotinat oder Budesonid als Dosieraerosol indiziert.

Eine **Kohlenmonoxid-Intoxikation** wird durch Sauerstoffgabe therapiert. Sauerstoff verdrängt Kohlenmonoxid aus seiner Bindung an das Hämoglobin und erhöht somit die herabgesetzte Sauerstofftransportkapazität des Blutes.

Eine **Blausäure-Intoxikation** kann an der Einsatzstelle praktisch nicht gesichert, sondern nur vermutet werden. Die Therapie mit Methämoglobinbildnern (DMAP) ist in Hinblick auf eine kombinierte Kohlenmonoxyd/Cyanid-Intoxikation mit der Gefahr einer weiteren, möglicherweise kritischen Herabsenkung der O_2-Transportkapazität des Blutes verbunden.

3. Atemschutz

Atemschutz dient der Versorgung mit atembarer, giftfreier Atemluft. **Atemschutzgeräte werden unterteilt in umluftabhängige und -unabhängige Geräte**. In beiden Fällen wird die Verbindung zwischen dem Gerät und den Atemwegen des Menschen als **Atemanschluß** bezeichnet. In Frage kommen **Mundstücksgarnituren**, die durch die Lippen abgedichtet werden, oder **Halbmasken**, die Mund und Nase einschließen. **Vollmasken** bedecken das ganze Gesicht (Atemwegsöffnungen, Augen). Sie haben bei der Feuerwehr die größte praktische Bedeutung. Darüber hinaus kommen Schutzhauben und Schutzanzüge in Frage.

Filtergeräte

Sie gehören zu den **umluftabhängigen Atemschutzgeräten**. Die Umgebungsluft wird über einen Filter geleitet, der Schadstoffe zurückhält. Voraussetzung für die Anwendung von Filtergeräten ist ein ausreichender O_2-Gehalt der Umgebungsluft (mind. 15 – 17 Vol%). Darüberhinaus muß die Identität der in der Luft vorkommenden Schadstoffe bekannt sein, da es verschiedene Filtertypen gibt, die nur bestimmte Schadstoffe zurückhalten. Unterschieden wird zwischen Gas- und Partikelfiltern. **Gasfilter** bestehen aus Aktivkohle, die mit unterschiedlichen Zusätzen imprägniert sind. Gasförmige Gifte werden physikalisch an die Aktivkohle adsorbiert oder chemisch gebunden. In gewissen Spezialfiltern werden definierte Stoffe katalytisch zu weniger toxischen Stoffen umgesetzt (z.B. CO-Filter). Die verschiedenen **Filtertypen werden durch Kennbuchstaben und Kennfarben gekennzeichnet**.

Das Adsorptionsvermögen eines Filters wird durch die Filterklasse charakterisiert (1: kleines Aufnahmevermögen, 2: mittleres Aufnahmevermögen, 3: großes Aufnahmevermögen).

Partikelfilter (Staubfilter, Schwebstofffilter) dienen der mechanischen Zurückhaltung von festen oder flüssigen Partikeln. Sie werden mit dem Buchstaben P und der Kennfarbe weiß gekennzeichnet. Die Filterklassen sind die gleichen wie bei den Gasfiltern.

Tabelle 15: Filtertypen mit Kennbuchstabe und Farbe

Typ	Farbe	Anwendung
A	braun	organische Gase/Dämpfe
B	grau	Chlor, Blausäure, Schwefelwasserstoff
E	gelb	Chlorwasserstoff, Schwefeldioxid
K	grün	Ammoniak
Spezialfilter		
CO	schwarz	Kohlenmonoxid
NO	blau	Stickoxide
Hg	rot	Quecksilberdämpfe
Reaktor	orange	Jod, Methyljodid

Für den Bereich des operativen Brandschutzes sind Filtergeräte prinzipiell *nicht* geeignet

Es muß immer mit Sauerstoffmangel gerechnet werden, so daß umluftabhängige Atemschutzgeräte nicht in Frage kommen. Auch adsorbieren die gewöhnlichen Filtergeräte Kohlenmonoxid nicht, das in Brandgasen praktisch immer vorkommt. Filtergeräte werden bei der Feuerwehr bei Aufräumarbeiten, in Betrieben mit definierten Gefahren oder im ABC-Fall angewendet. Im letzteren Fall müssen kombinierte Filter Anwendung finden. Der im Katastrophenschutz verwendete KS 80-Filter besitzt die Eigenschaften eines Partikelfilters (Schutz gegen B-Stoffe) und eines kombinierten B und Reaktorfilters (A und C-Fall; Kennfarben: grau, orange und weiß).

Umluftunabhängiger Atemschutz

Hierzu gehören die geläufigen Behältergeräte (Preßluftatmer), die den Atemschutzgeräteträger mit Luft aus einer Preßluftflasche versorgen. Die Flaschen besitzen ein Volumen von 4 oder 8 l, der Fülldruck beträgt 200 oder 300 bar und der resultierende Luftvorrat entspricht 800, 1200 oder 1600 l. Bei einem Atemminutenvolumen von 50 l/min reicht ein Luftvorrat von 1600 l für ca. 30 min. Die Atemluft strömt aus der Flasche über den Lungenautomaten (Druckminderer und Ventilsystem, aus dem das Innere der Maske beim Einatmen mit Frischluft versorgt wird) in die Maske. Bei Normaldrucksystemen herrscht während der Inspiration in der Maske ein negativer Druck. In Überdrucksystemen herrscht in der Maske ständig ein leichter Überdruck, so daß auch bei kleineren Undichtigkeiten der Maske keine Umgebungsluft in das Maskeninnere gelangen kann. Allerdings nimmt bei Undichtigkeiten durch Verluste aus der Maske nach Außen der Luftvorrat schneller ab. Die ausgeatmete Luft wird über ein Ventil in die Umgebung abgeleitet.

Preßluftatmer sind bei den Feuerwehren die am häufigsten eingesetzten Atemschutzgeräte.

Für längere Einsätze stehen **Kreislaufgeräte** zur Verfügung. Die ausgeatmete Luft wird über Kalkpatronen zur Adsorption von Kohlendioxid geleitet und mit Sauerstoff angereichert wieder eingeatmet. Ein Nachteil der Kreislaufgeräte besteht darin, daß die Temperatur der eingeatmeten Luft höher ist als bei Preßluftatmern.

Teil III
Chemieunfälle

1. Gesetzliche Grundlagen

Das zentrale Gesetz zum Schutz vor gefährlichen Stoffen ist das **Chemikaliengesetz (ChemG)**. Das Ziel des ChemG ist es, „Menschen und Umwelt vor schädlichen Einwirkungen gefährlicher Stoffe und Zubereitungen zu schützen, insbesondere sie erkennbar zu machen, sie abzuwenden und ihrem Entstehen vorzubeugen" (§1). Das Chemikaliengesetz enthält Regelungen zum Inverkehrbringen von Stoffen, sowie Bestimmungen zum Arbeitsschutz und Verbraucherschutz. Auf der Grundlage des Chemikaliengesetzes wurden verschiedene Verordnungen erlassen: die Gefahrstoffverordnung (GefStoffV), die Chemikalienverbotsverordnung (ChemVerbotsV), die FCKW-Halon-Verbotsverordnung, die Giftinformationsverordnung (ChemGiftInfoV), die Chemikalien-Altstoff-Verordnung (Chem AltstoffV) und die Prüfnachweisverordnung (ChemPrüfV).

Die „Verordnung zum Schutz vor gefährlichen Stoffen **(Gefahrstoffverordnung, GefStoffV)** soll „beim Umgang mit Gefahrstoffen den Menschen vor arbeitsbedingten und sonstigen Gesundheitsgefahren und die Umwelt vor stoffbedingten Schädigungen schützen, insbesondere sie erkennbar machen, sie abwenden und ihrer Entstehung vorbeugen". Sie enthält Regelungen zur Einstufung, Kennzeichnung und Verpackung von gefährlichen Stoffen und Zubereitungen. Die genaue Definition der Gefährlichkeitsmerkmale von gefährlichen Stoffen, wie sie im ChemG aufgezählt sind, finden sich im Anhang I der GefStoffV. Die GefStoffV enthält auch Bestimmungen zum **Sicherheitsdatenblatt, das Informationen zu den wichtigsten physikalisch-chemischen und toxikologischen Eigenschaften eines Stoffes** enthält.

Die **Giftinformationsverordnung (Chem GiftInfoV)** enthält Bestimmungen zur Anzeigepflicht bei der Behandlung von Intoxikationen mit gefährlichen Stoffen.

Aus dem Geltungsbereich des ChemG sind bestimmte Stoffe und Zubereitungen ausgenommen, von denen auch eine Gefährdung für den Menschen oder für die Umwelt ausgehen können. Für den Umgang mit diesen Stoffen und Zubereitungen sind spezielle Gesetze erlassen worden, die als **spezielles Gefahrstoffrecht** dem allgemeinen Gefahrstoffrecht vorgehen. Es handelt sich dabei um Arzneimittel **(Arzneimittelgesetz, AMG)**, Lebensmittel, Kosmetika und Tabakerzeugnisse **(Lebensmittel- und Bedarfsgegenständegesetz, LBMG)**, Wasch- und Reinigungsmittel **(Wasch- und Reinigungsmittelgesetz, WRMG)**, Pflanzenschutzmittel **(Pflanzenschutzmittelgesetz, PfSchG)** und Sprengstoffe **(Sprengstoffgesetz, SprengG)**.

Für den Transport von Gefahrgütern auf der Straße, mit der Eisenbahn oder auf dem Wasser gilt **das „Gesetz über die Beförderung gefährlicher Güter" (Gefahrgutgesetz, GefahrgutG)**, sowie einschlägige Verordnungen, die sich auf den jeweiligen Transportweg beziehen.

1.1. Das Inverkehrbringen von Stoffen

Das Chemikaliengesetz unterscheidet zwischen „Altstoffen", die vor dem **Stichtag 18.9.1981**, und Neustoffen, die nach diesem Datum in den Verkehr gebracht wurden. Altstoffe sind im europäischen **Altstoffverzeichnis EINECS (European Inventory of Existing Commercial Chemical Substances)** und Neustoffe in der **Neustoffliste ELINCS (European List of New Chemical Substances)** aufgeführt. Alle neuen Stoffe müssen mindestens 60 Tage vor dem Inverkehrbringen bei der **Bundesanstalt für Arbeitsschutz (BAU)** in Dortmund angemeldet werden. Hierbei sind auch toxikologisch relevante Angaben zu übermitteln, insbesondere schädliche Wirkungen, Vorsichtsmaßnahmen bei der Verwendung und Sofortmaßnahmen bei Unfällen, sowie Angaben zur Toxikokinetik. Das Ausmaß der Untersuchungs- und Mitteilungspflicht ist u.a. von der Menge des Stoffes abhängig, die in den Verkehr gebracht werden soll.

Die Grundprüfung neuer Substanzen sieht folgende toxikologisch-relevante Untersuchungen vor:

1) **Bestimmung der akuten Toxizität an einer Nagetierart** oral und auf einem anderen Aufnahmeweg. Bei leicht flüchtigen Stoffen muß die akute Toxizität bei inhalativer Aufnahme untersucht werden. Bei Gasen ist die Untersuchung der akuten inhalativen Toxizität als alleiniger Aufnahmeweg ausreichend.
2) **Untersuchung der subakuten Toxizität an einer Nagetierart** bei wiederholter oraler täglicher Gabe über 28 Tagen.
3) **Untersuchung auf kanzerogene und mutagene Eigenschaften** mittels eines bakteriellen Tests (z.B. Ames-Test) und eines in-vitro-Tests zur Prüfung auf Chromosomen-Aberrationen.
4) **Untersuchung der ätzenden oder reizenden Eigenschaften an der Haut und an den Bindehäuten.**
5) **Umwelttoxikologische Untersuchungen** zur Toxizität gegenüber Wasserorganismen, Algen und Untersuchungen zur biologischen Abbaubarkeit.

Werden jährlich mehr als 100 Tonnen in den Verkehr gebracht, oder beträgt die kumulierte Menge seit Anmeldung mehr als 500 Tonnen, müssen darüberhinaus im Rahmen von Zusatzprüfungen der 1. Stufe (§ 9 ChemG) Untersuchungen zur subchronischen Toxizität (repetitive tägliche Applikation an einer Tierart über 90 Tage), zur chronischen Toxizität (Applikation über mindestens 6 Monate), zusätzliche Untersuchungen zur Mutagenität, reproduktionstoxikologische Untersuchungen, sowie toxikokinetische Untersuchungen durchgeführt werden. Beträgt die Stoffmenge, die jährlich in den Verkehr gebracht wird, mehr als 1000 Tonnen, oder die kumulierte Menge seit Anmeldung mehr als 5000 Tonnen (§ 9a ChemG), muß ein Langzeittierversuch auf Kanzerogenität an einer Nagetierart über 2 Jahre durchgeführt werden. Darüberhinaus sind im Vergleich zu den Zusatzprüfungen der 1. Stufe weitergehende Untersuchungen zur Toxikokinetik und Biotransformation, zur Organ-und Systemtoxizität, sowie zur peri-und postnatalen Toxizität durchzuführen. Der Hersteller des Stoffes ist verpflichtet neue Erkenntnisse über die Wirkungen des Stoffes auf Mensch oder Umwelt mitzuteilen. Die genaue Einstufung des gefährlichen Stoffes nach den im ChemG festgelegten Gefährlichkeitsmerkmalen erfolgt auf der Grundlage der genauen Definitionen der Gefahrstoffverordnung.

1.2. Einstufung von Gefahrstoffen

Gefahrstoffe werden nach dem Chemikaliengesetz in Abhängigkeit ihrer physikalisch-chemischen und toxikologischen Eigenschaften nach **15 Gefährlichkeitsmerkmalen (s. Tab. 16)** eingeteilt. Die Kennzeichnung erfolgt durch ein Gefahrensymbol und eine Gefahrenbezeichnung. Es stehen derzeit nach Anhang I der Gefahrstoffverordnung **10 Gefahrensymbole (s. Abb. 11)** zur Verfügung. Darüber hinaus werden Gefahrstoffen **R-(„Risk")Nummern** mit spezifizierten Gefahren (z.B. R 25: Giftig beim Verschlucken) zugeordnet **(s. Tab. 18)**, die eine genaue Zuordnung des Stoffes zu einem Gefährlichkeitsmerkmal erlauben.

1.2.1. Akute toxische Eigenschaften

Zur Beurteilung der akuten toxischen Eigenschaften werden die mittleren letalen Dosen herangezogen. Als **Versuchstier** dient die **Ratte**. Die Applikation des zu beurteilenden Stoffes erfolgt oral, inhalativ oder dermal.

Bei der **oralen Applikation** wird der Stoff einmalig, meist über eine Schlundsonde, in den Magen appliziert. Die innerhalb von 48 h verstorbenen Tiere werden ausgezählt und daraus eine Dosis-Wirkungs-Kurve erstellt, aus der sich die LD_{50} bestimmen läßt (mittlere Dosis letalis: Dosis bei der erwartungsgemäß 50% der behandelten Versuchstiere sterben). Die restlichen Tiere sollten über insgesamt 14 Tage nach der Stoff-Applikation zur Erfassung besonderer Effekte beobachtet werden. Alle Tiere sollten pathologisch-anatomisch und evtl. histologisch untersucht werden.

Bei **inhalativer Applikation** erfolgt eine einmalige Exposition des Stoffes in gas- oder dampfförmigem Zustand. Ermittelt wird die Konzentration, die zum Tod von 50% der Versuchstiere führt (LC_{50}). Die LC_{50} ist abhängig von der Applikationsdauer. Zur Charakterisierung von Gefahrstoffen erfolgt die inhalative Applikation meist über 4 h.

Tabelle 16: 15 Gefährlichkeitsmerkmale von Stoffen und Zubereitungen nach dem Chemikaliengesetz (§ 3).

physikalisch-chemische Eigenschaften	hochentzündlich leichtentzündlich entzündlich brandfördernd explosionsgefährlich
akut toxische Eigenschaften	sehr giftig giftig gesundheitsschädlich ätzend reizend
spezielle toxische Eigenschaften	sensibilisierend krebserzeugend erbgutverändernd fortpflanzungsgefährdend
ökotoxische Eigenschaften	umweltgefährlich

Abb. 11: Gefahrensymbole nach der Gefahrstoffverordnung (a) und neutrale Warntafel beim Transport gefährlicher Güter (b).
Quelle:
Die Beförderung gefährlicher Güter (Hrsg: Der Bundesminister für Verkehr)

Bei der **dermalen Applikation** wird der zu untersuchende Stoff einmalig auf die Haut aufgetragen. Die Einwirkungsdauer beträgt in der Regel 24 h. Es wird wiederum die Dosis (LD_{50}) ermittelt, die zum Tod von 50% der Versuchstiere führt.

Ätzende und reizende Stoffe

Ätzende Stoffe sind definiert als Stoffe, die bei Einwirkung auf die Haut zu Hautnekrosen führen. Stark ätzende Stoffe sind solche, die innerhalb einer Einwirkungszeit von 3 min eine Hautzerstörung herbeiführen. Sie werden mit dem **Merksatz R35** („verursacht schwere Verätzungen") charakterisiert. Stoffe, die innerhalb einer Einwirkungszeit von 4 h eine Hautzerstörung verursachen werden als **ätzend (Merksatz R34:** „verursacht Verätzungen") bezeichnet. Ein Stoff wird als „reizend" bezeichnet, wenn er nach einer Einwirkungsdauer von maximal 4 h eine Entzündung hervorruft, die mindestens 24 h anhält. Zur Untersuchung der hautreizenden Eigenschaften eines Stoffes (u.a. **R38** „Reizt die Haut") wird in der Regel die rasierte Kaninchenhaut verwendet.

1.2.2. Spezielle toxische Eigenschaften

In Abhängigkeit des Erkenntnisstandes oder der Verdachtsmomente werden **krebserzeugende, fruchtschädigende oder erbgutverändernde Substanzen** in **3 Kategorien** eingeteilt.

- Stoffe der **Kategorie 1** sind **Stoffe, die erfahrungsgemäß beim Menschen die betreffenden toxischen Eigenschaften besitzen.** Die Erkenntnisse beruhen auf arbeitsmedizinischen oder epidemiologischen Untersuchungen.
- Stoffe der **Kategorie 2** besitzen im **Tierversuch** spezielle toxische Eigenschaften. Die Übertragbarkeit auf den Menschen ist nicht gesichert, sie muß aber vorsichtshalber angenommen werden.
- Bei Stoffen der **Kategorie 3** bestehen **Verdachtsmomente** unterschiedlicher Art auf das Vorliegen spezieller toxischer Eigenschaften. Es kann sich auch um Stoffe handeln, die noch nicht ausreichend untersucht sind. Zum anderen handelt es sich um toxikologisch gut untersuchte Stoffe, die erst bei sehr hohen Dosen, die die maximal tolerierbare Dosis überschreiten, spezielle toxische Effekte zeigen. Dabei werden bereits akut toxische Effekte ausgelöst, die z.B. über unspezifische Reizeffekte, eine Zellproliferation auslösen. Die Ergebnisse erlauben keine Einstufung in die Kategorie 2.

1.2.3. Umweltgefährliche Stoffe

Bei der Beurteilung der **Ökotoxizität** wird zwischen der **Wirkung auf aquatische und nicht-aquatische Systeme** unterschieden. Zur Einstufung als schädlich, giftig oder sehr

Tabelle 17: Einstufungskriterien für akut giftige Stoffe nach der mittleren letalen Dosis (LD_{50}) oder Konzentration (LC_{50}). Stoffe mit einer LD_{50} > 2000 mg/kg Körpergewicht werden nicht als gefährliche Stoffe definiert.

Applikationsform	sehr giftig	giftig	gesundheitsschädlich
oral (mg/kg KG)	$LD_{50} \leq 25$	$25 < LD_{50} \leq 200$	$200 < LD_{50} \leq 2000$
dermal (mg/kg KG)	$LD_{50} \leq 50$	$50 < LD_{50} \leq 400$	$400 < LD_{50} \leq 2000$
inhalativ (Aerosole, Stäube) (mg/l)	$LC_{50} \leq 0,5$	$0,5 < LC_{50} \leq 2$	$2 < LC_{50} \leq 20$
inhalativ (Gase, Dämpfe) (mg/l)	$LC_{50} \leq 0,25$	$0,25 < LC_{50} \leq 1$	$1 < LC_{50} \leq 5$

Tabelle 18: Bedeutung von einzelnen oder kombinierten R-Nummern nach Gefahrstoffverordnung.
Angaben aus Dembeck (1997)

R-Nummer	R-Satz
R 1	In trockenem Zustand explosionsgefährlich
R 2	Durch Schlag, Reibung, Feuer oder andere Zündquellen explosionsgefährlich
R 3	Durch Schlag, Reibung, Feuer oder andere Zündquellen besonders explosionsgefährlich
R 4	Bildet hochempfindliche explosionsfähige Metallverbindungen
R 5	Beim Erwärmen explosionsfähig
R 6	Mit und ohne Luft explosionsfähig
R 7	Kann Brand verursachen
R 8	Feuergefahr bei Berührung mit brennbaren Stoffen
R 9	Explosionsgefahr bei Mischung mit brennbaren Stoffen
R 10	Entzündlich
R 11	Leichtentzündlich
R 12	Hochentzündlich
R 14	Reagiert heftig mit Wasser
R 14/15	Reagiert heftig mit Wasser unter Bildung hochentzündlicher Gase
R 15	Reagiert mit Wasser unter Bildung hochentzündlicher Gase
R 16	Explosionsgefährlich in Mischung mit brandfördernden Stoffen
R 17	Selbstentzündlich an der Luft
R 18	Bei Gebrauch Bildung explosionsfähiger/leichtentzündlicher Dampf-Luftgemische möglich
R 19	Kann explosionsfähige Peroxide bilden
R 20	Gesundheitsschädlich beim Einatmen
R 20/21	Gesundheitsschädlich beim Einatmen und bei Berührung mit der Haut
R 20/21/22	Gesundheitsschädlich beim Einatmen, Verschlucken, und Berührung mit der Haut
R 20/22	Gesundheitsschädlich beim Einatmen und Verschlucken
R 21	Gesundheitsschädlich bei Berührung mit der Haut
R 21/22	Gesundheitsschädlich bei Berührung mit der Haut und beim Verschlucken
R 22	Gesundheitsschädlich beim Verschlucken
R 23	Giftig beim Einatmen
R 23/24	Giftig beim Einatmen und bei Berührung mit der Haut
R 23/24/25	Giftig beim Einatmen, Verschlucken und bei Berührung mit der Haut
R 23/25	Giftig beim Einatmen und Verschlucken
R 24	Giftig bei Berührung mit der Haut
R 24/25	Giftig bei Berührung mit der Haut und beim Verschlucken
R 25	Giftig beim Verschlucken
R 26	Sehr giftig beim Einatmen
R 26/27	Sehr giftig beim Einatmen und bei Berührung mit der Haut
R 26/27/28	Sehr giftig beim Einatmen, Verschlucken und bei Berührung mit der Haut
R 26/28	Sehr giftig beim Einatmen und Verschlucken
R 27	Sehr giftig bei Berührung mit der Haut
R 27/28	Sehr giftig bei Berührung mit der Haut und beim Verschlucken
R 28	Sehr giftig beim Verschlucken
R 29	Entwickelt bei Berührung mit Wasser giftige Gase
R 30	Kann bei Gebrauch leicht entzündlich werden
R 31	Entwickelt bei Berührung mit Säure giftige Gase

R 32	Entwickelt bei Berührung mit Säure sehr giftige Gase
R 33	Gefahr kumulativer Wirkungen
R 34	Verursacht Verätzungen
R 35	Verursacht schwere Verätzungen
R 36	Reizt die Augen
R 36/37	Reizt die Augen und die Atmungsorgane
R 36/37/38	Reizt die Augen, Atmungsorgane und die Haut
R 36/38	Reizt die Augen und die Haut
R 37	Reizt die Atmungsorgane
R 37/38	Reizt die Atmungsorgane und die Haut
R 38	Reizt die Haut
R 39	Ernste Gefahr irreversiblen Schadens
R 39/23	Giftig: ernste Gefahr irreversiblen Schadens durch Einatmen
R 39/23/24	Giftig: ernste Gefahr irreversiblen Schadens durch Einatmen und bei Berührung mit der Haut
R 39/23/ 24/25	Giftig: ernste Gefahr irreversiblen Schadens durch Einatmen, bei Berührung mit der Haut und durch Verschlucken
R 39/23/25	Giftig: ernste Gefahr irreversiblen Schadens durch Einatmen und durch Verschlucken
R 39/24	Giftig: ernste Gefahr irreversiblen Schadens bei Berührung mit der Haut
R 39/24/25	Giftig: ernste Gefahr irreversiblen Schadens bei Berührung mit der Haut und durch Verschlucken
R 39/25	Giftig: ernste Gefahr irreversiblen Schadens durch Verschlucken
R 39/26	Sehr giftig: ernste Gefahr irreversiblen Schadens durch Einatmen
R 39/26/27	Sehr giftig: ernste Gefahr irreversiblen Schadens durch Einatmen und bei Berührung mit der Haut
R 39/26/ 27/28	Sehr giftig: ernste Gefahr irreversiblen Schadens durch Einatmen, bei Berührung mit der Haut und durch Verschlucken
R 39/26/28	Sehr giftig: ernste Gefahr irreversiblen Schadens durch Einatmen und durch Verschlucken
R 39/27	Sehr giftig: ernste Gefahr irreversiblen Schadens bei Berührung mit der Haut
R 39/27/28	Sehr giftig: ernste Gefahr irreversiblen Schadens bei Berührung mit der Haut und durch Verschlucken
R 39/28	Sehr giftig: ernste Gefahr irreversiblen Schadens durch Verschlucken
R 40	Irreversibler Schaden möglich
R 40/20	Gesundheitsschädlich: Möglichkeit irreversiblen Schadens durch Einatmen
R 40/20/21	Gesundheitsschädlich: Möglichkeit irreversiblen Schadens durch Einatmen und bei Berührung mit der Haut
R 40/20/ 21/22	Gesundheitsschädlich: Möglichkeit irreversiblen Schadens durch Einatmen, bei Berührung mit der Haut und beim Verschlucken
R 40/20/22	Gesundheitsschädlich: Möglichkeit irreversiblen Schadens durch Einatmen und Verschlucken
R 40/21	Gesundheitsschädlich: Möglichkeit irreversiblen Schadens bei Berührung mit der Haut
R 40/21/22	Gesundheitsschädlich: Möglichkeit irreversiblen Schadens bei Berührung mit der Haut und durch Verschlucken
R 40/22	Gesundheitsschädlich: Möglichkeit irreversiblen Schadens durch Verschlucken
R 41	Gefahr ernster Augenschäden
R 42	Sensibilisierung durch Einatmen möglich
R 42/43	Sensibilisierung durch Einatmen und Hautkontakt möglich
R 43	Sensibilisierung durch Hautkontakt möglich
R 44	Explosionsgefahr bei Erhitzen unter Einschluß

R 45	Kann Krebs erzeugen
R 46	Kann vererbbare Schäden verursachen
R 48	Gefahr ernster Gesundheitsschäden bei längerer Exposition
R 48/20	Gesundheitsschädlich: Gefahr ernster Gesundheitsschäden bei längerer Exposition durch Einatmen
R 48/20/21	Gesundheitsschädlich: Gefahr ernster Gesundheitsschäden bei längerer Exposition durch Einatmen und durch Berührung mit der Haut
R 48/20/21/22	Gesundheitsschädlich: Gefahr ernster Gesundheitsschäden bei längerer Exposition durch Einatmen, durch Berührung mit der Haut und durch Verschlucken
R 48/20/22	Gesundheitsschädlich: Gefahr ernster Gesundheitsschäden bei längerer Exposition durch Einatmen und durch Verschlucken
R 48/21	Gesundheitsschädlich: Gefahr ernster Gesundheitsschäden bei längerer Exposition durch Berührung mit der Haut
R 48/21/22	Gesundheitsschädlich: Gefahr ernster Gesundheitsschäden bei längerer Exposition durch Berührung mit der Haut und durch Verschlucken
R 48/22	Gesundheitsschädlich: Gefahr ernster Gesundheitsschäden bei längerer Exposition durch Verschlucken
R 48/23	Giftig: Gefahr ernster Gesundheitsschäden bei längerer Exposition durch Einatmen
R 48/23/24	Giftig: Gefahr ernster Gesundheitsschäden bei längerer Exposition durch Einatmen und durch Berührung mit der Haut
R 48/23/24/25	Giftig: Gefahr ernster Gesundheitsschäden bei längerer Exposition durch Einatmen, Berührung mit der Haut und durch Verschlucken
R 48/23/25	Giftig: Gefahr ernster Gesundheitsschäden bei längerer Exposition durch Einatmen und durch Verschlucken
R 48/24	Giftig: Gefahr ernster Gesundheitsschäden bei längerer Exposition durch Berührung mit der Haut
R 48/24/25	Giftig: Gefahr ernster Gesundheitsschäden bei längerer Exposition durch Berührung mit der Haut und durch Verschlucken
R 48/25	Giftig: Gefahr ernster Gesundheitsschäden bei längerer Exposition durch Verschlucken
R 49	Kann Krebs verursachen beim Einatmen
R 50	Sehr giftig für Wasserorganismen
R 50/53	Sehr giftig für Wasserorganismen, kann in Gewässern längerfristig schädliche Wirkungen haben
R 51	Giftig für Wasserorganismen
R 51/53	Giftig für Wasserorganismen, kann in Gewässern längerfristig schädliche Wirkungen haben
R 52	Schädlich für Wasserorganismen
R 52/53	Schädlich für Wasserorganismen, kann in Gewässern längerfristig schädliche Wirkungen haben
R 53	Kann in Gewässern längerfristig schädliche Wirkungen haben
R 54	Giftig für Pflanzen
R 55	Giftig für Tiere
R 56	Giftig für Bodenorganismen
R 57	Giftig für Bienen
R 58	Kann längerfristig schädliche Wirkungen auf die Umwelt haben
R 59	Gefährlich für die Ozonschicht
R 60	Kann die Fortpflanzungsfähigkeit beeinträchtigen
R 61	Kann das Kind im Mutterleib schädigen
R 62	Kann möglicherweise die Fortpflanzungsfähigkeit beeinträchtigen
R 63	Kann das Kind im Mutterleib möglicherweise schädigen
R 64	Kann Säuglinge über die Muttermilch schädigen

giftig für Wasserorganismen, wird die mittlere letale Konzentration für Fische, Wasserflöhe (Daphnia) oder Algen herangezogen. Bei der Beurteilung der Toxizität auf nicht-aquatische Systeme richtet man sich nach der Toxizität für Pflanzen, Tiere, Bienen und Bodenorganismen. Stoffe, die eine **Gefährdung für die Ozonschicht** darstellen, werden ebenfalls als umweltgefährdend klassifiziert (**R59**, z.B. Tetrachlormethan). Darüberhinaus ist die Geschwindigkeit des natürlichen Abbaus zur Beurteilung der Umweltgefährdung ein relevantes Kriterium.

Die S-Nummern nach der Gefahrstoffverordnung geben Handlungsempfehlungen im Umgang mit gefährlichen Stoffen **(s. Tab. 19)**.

Tabelle 19: Bedeutung von einzelnen oder kombinierten S-Nummern nach Gefahrstoffverordnung.
Angaben aus Dembeck (1997)

S-Nummer	S-Satz
S 1	Unter Verschluß aufbewahren
S 1/2	Unter Verschluß und für Kinder unzugänglich aufbewahren
S 2	Darf nicht in die Hände von Kindern gelangen
S 3	Kühl aufbewahren
S 3/7	Behälter dicht geschlossen halten und an einem kühlen Ort aufbewahren
S 3/9	Behälter an einem kühlen, gut gelüfteten Ort aufbewahren
S 3/9/14	An einem kühlen, gut gelüfteten Ort, entfernt von ... aufbewahren (die Stoffe mit denen Kontakt vermieden werden muß, sind vom Hersteller anzugeben)
S 3/9/14/49	Nur im Originalbehälter an einem kühlen, gut gelüfteten Ort, entfernt von ... aufbewahren (die Stoffe mit denen Kontakt vermieden werden muß, sind vom Hersteller anzugeben)
S 3/9/49	Nur im Originalbehälter an einem kühlen, gut gelüfteten Ort aufbewahren
S 3/14	An einem kühlen von ..... entfernten Ort aufbewahren (die Stoffe mit denen Kontakt vermieden werden muß, sind vom Hersteller anzugeben)
S 4	Von Wohnplätzen fernhalten
S 5	Unter ... aufbewahren (geeignete Flüssigkeit vom Hersteller anzugeben)
S 6	Unter ... aufbewahren (inertes Gas vom Hersteller anzugeben)
S 7	Behälter dicht geschlossen halten
S 7/8	Behälter trocken und dicht geschlossen halten
S 7/9	Behälter dicht geschlossen an einem gut gelüfteten Ort aufbewahren
S 7/47	Behälter dicht geschlossen und nicht bei Temperaturen über .... Grad Celsius aufbewahren (vom Hersteller anzugeben)
S 8	Behälter trocken halten
S 9	Behälter an einem gut gelüfteten Ort aufbewahren
S 12	Behälter nicht gasdicht verschließen
S 13	Von Nahrungsmitteln, Getränken und Futtermitteln fernhalten
S 14	Von ... fernhalten (inkompatible Substanzen sind vom Hersteller anzugeben)
S 15	Vor Hitze schützen
S 16	Von Zündquellen fernhalten – nicht rauchen
S 17	Von brennbaren Stoffen fernhalten
S 18	Behälter mit Vorsicht öffnen und handhaben
S 20	Bei der Arbeit nicht essen oder trinken
S 20/21	Bei der Arbeit nicht essen, trinken oder rauchen
S 21	Bei der Arbeit nicht rauchen
S 22	Staub nicht einatmen

S 23	Gas/Rauch/Dampf/Aerosol nicht einatmen (geeignete Bezeichnun(en) vom Hersteller anzugeben)
S 24	Berührung mit der Haut vermeiden
S 24/25	Berührung mit den Augen und der Haut vermeiden
S 25	Berührung mit den Augen vermeiden
S 26	Bei Berührung mit den Augen sofort gründlich mit Wasser abspülen und Arzt konsultieren
S 27	Beschmutzte, getränkte Kleidung sofort ausziehen
S 28	Bei Berührung mit der Haut sofort abwaschen mit viel ... (vom Hersteller anzugeben)
S 29	Nicht in die Kanalisation gelangen lassen
S 29/56	Nicht in die Kanalisation gelangen lassen; Entsorgung als Problemabfall
S 30	Niemals Wasser hinzugießen
S 33	Maßnahmen gegen elektrostatische Aufladungen treffen
S 35	Abfälle und Behälter müssen in gesicherter Weise beseitigt werden
S 36	Bei der Arbeit geeignete Schutzkleidung tragen
S 36/37	Bei der Arbeit geeignete Schutzhandschuhe und Schutzkleidung tragen
S 36/37/39	Bei der Arbeit geeignete Schutzkleidung tragen, Schutzhandschuhe und Schutzbrille/Gesichtsschutz tragen
S 36/39	Bei der Arbeit geeignete Schutzkleidung tragen und Schutzbrille/Gesichtsschutz tragen
S 37	Bei der Arbeit geeignete Schutzhandschuhe tragen
S 37/39	Bei der Arbeit geeignete Schutzhandschuhe und Schutzbrille/Gesichtsschutz tragen
S 38	Bei unzureichender Belüftung Atemschutzgerät anlegen
S 39	Schutzbrille/Gesichtsschutz tragen
S 40	Fußboden und verunreinigte Gegenstände mit ... reinigen (Material vom Hersteller anzugeben)
S 41	Explosions- und Brandgase nicht einatmen
S 42	Bei Räuchern/Versprühen geeignetes Atemschutzgerät anlegen (geeignete Bezeichnung (EN) vom Hersteller anzugeben)
S 43	Zum Löschen ... (vom Hersteller anzugeben) verwenden (wenn Wasser die Gefahr erhöht, anfügen: „kein Wasser verwenden")
S 45	Bei Unfall oder Unwohlsein sofort Arzt hinzuziehen (wenn möglich dieses Etikett vorzeigen)
S 46	Bei Verschlucken sofort ärztlichen Rat einholen und Verpackung oder Etikett vorzeigen
S 47	Nicht bei Temperaturen über ... Grad Celsius aufbewahren (vom Hersteller anzugeben)
S 47/49	Nur im Originalbehälter bei einer Temperatur von nicht über ... Grad Celsius (vom Hersteller anzugeben) aufbewahren
S 48	Feucht halten mit ... (geeignetes Mittel vom Hersteller anzugeben)
S 49	Nur im Originalbehälter aufbewahren
S 50	Nicht mischen mit ... (vom Hersteller anzugeben)
S 51	Nur in gut gelüfteten Bereichen verwenden
S 52	Nicht großflächig für Wohn-und Aufenthaltsräume zu verwenden
S 53	Exposition vermeiden – vor Gebrauch besondere Anweisungen einholen
S 56	Diesen Stoff und seinen Behälter der Problemabfallentsorgung zuführen
S 57	Zur Vermeidung einer Kontamination der Umwelt geeigneten Behälter verwenden
S 59	Information zur Wiederverwendung/Wiederverwertung beim Hersteller/Lieferanten erfragen
S 60	Dieser Stoff und sein Behälter sind als gefährlicher Abfall zu entsorgen
S 61	Freisetzung in die Umwelt vermeiden. Besondere Anweisungen einholen/Sicherheitsdatenblatt zu Rate ziehen
S 62	Bei Verschlucken kein Erbrechen herbeiführen. Sofort ärztlichen Rat einholen und Verpackung oder dieses Etikett vorzeigen

1.2.4. Weitere Einteilungen von gefährlichen Stoffen

Gefährliche Stoffe, die befördert werden **(Gefahrgüter)**, werden auf der Grundlage der **Gefahrgutverordnungen Straße (GGVS), Eisenbahn (GGVE), Binnenschiffahrt (GGVBinSch)** und **Seeschiffahrt (GGVSee)** in **Transportklassen (Gefahrgutklassen)** eingeteilt. Auch die Feuerwehrdienstvorschrift 14 (FwDV 14), die Richtlinien für Einsätze mit gefährlichen Stoffen und Gütern enthält (GSG-Einsätze), orientiert sich an einer Einteilung der gefährlichen Stoffe in **9 Klassen mit insgesamt 18 Unterklassen**.

Weitere Einteilungen beziehen sich auf das **Brandverhalten. Nach der Euronorm DIN EN2 werden brennbare Stoffe in 4 Brandklassen klassifiziert.**

Die **Verordnung über brennbare Flüssigkeiten (VbF)** sieht eine **Klassifizierung in Abhängigkeit der Mischbarkeit der brennbaren Flüssigkeit mit Wasser und des Flammpunkts** vor. Als Grenzwerte für den Flammpunkt wurden Temperaturen von 21°C und 55°C festgelegt. 21°C ist in unseren Breitengraden eine typische Umgebungstemperatur. 55°C ist die maximale Temperatur mit der in unseren Breitengraden durch Einwirkung von Sonnenstrahlung gerechnet werden muß. Flüssigkeiten, die einen Flammpunkt über 100°C besitzen, fallen nicht unter die Verordnung über brennbare Flüssigkeiten.

Tabelle 20: Einteilung von Gefahrgütern in Gefahrgutklassen.

Gefahrgutklasse	Merkmal
Klasse 1	Explosive Stoffe (6 Unterklassen)
Klasse 2	flüssige oder unter Druck stehende Gase
Klasse 3	entzündbare flüssige Stoffe
Klasse 4.1	entzündbare feste Stoffe
Klasse 4.2	selbstentzündliche Stoffe
Klasse 4.3	Stoffe, die mit Wasser entzündliche Gase bilden
Klasse 5.1	entzündend wirkende Stoffe
Klasse 5.2	organische Peroxide
Klasse 6.1	giftige Stoffe
Klasse 6.2	ansteckungsgefährliche Stoffe
Klasse 7	radioaktive Stoffe
Klasse 8	ätzende Stoffe
Klasse 9	weitere gefährliche Stoffe

Tabelle 21: Brandklassen nach Euronorm DIN EN 2

Brandklasse	Merkmal
A	Feste, glutbildende Stoffe
B	flüssige, flammenbildende Stoffe
C	gasförmige, flammenbildende Stoffe
D	brennbare Metalle

Tabelle 22: Einteilung in Gefahrklassen nach der Verordnung über brennbare Flüssigkeiten (VbF).

Gefahrklasse	Merkmal
A	Flüssigkeiten, die nicht in jedem Verhältnis mit Wasser mischbar sind
A I	Flammpunkt < 21 °C
A II	21°C ≤ Fp ≤ 55°C
A III	55°C < Fp ≤ 100°C
B	Flüssigkeiten, die bei 15°C in jedem Verhältnis mit Wasser mischbar sind und einen Flammpunkt < 21 °C besitzen

1.3. Grenzwerte für gefährliche Stoffe

Grenzwerte sind **für den Bereich des Arbeitsschutzes** für gefährliche Stoffe aufgestellt worden. Man unterscheidet zwischen Luftgrenzwerten und Grenzwerten in biologischem Material (z.B. Blut). Folgende Grenzwerte sind von Bedeutung:

Maximale Arbeitsplatz-Konzentration (MAK)

Es handelt sich um die höchstzulässige mittlere Konzentration eines Stoffes als Gas, Dampf oder Schwebstoff, die bei einer Expositionsdauer von 8 h/Tag und 5 Arbeitstagen/Woche die Gesundheit der Beschäftigten nicht beeinträchtigt und diese nicht unangemessen belästigt. Der MAK-Wert wird durch die Senatskommission zur Prüfung gesundheitsschädlicher Arbeitsstoffe bei der Deutschen Forschungsgemeinschaft (MAK-Kommission) festgelegt.

Vorläufige Arbeitsplatzrichtwerte (ARW)

Für Stoffe, für die noch keine MAK-Werte vorliegen, werden von der chemischen Industrie Grenzwerte als firmeninterne Richtwerte festgelegt. Diese Grenzwerte wurden nach Überprüfung durch den Ausschuß für Gefahrstoffe als Arbeitsplatzrichtwerte veröffentlicht. Vergleichbar den MAK-Werten, sind auch die ARW-Werte maximale Durchschnittskonzentrationen für eine tägliche Expositionsdauer von 8 Stunden über 5 Tage pro Woche. MAK und ARW-Werte verfolgen das gleiche Schutzziel. In Hinblick auf das Erkenntnismaterial auf deren Grundlage die Grenzwerte ermittelt werden, sind ARW-Werte weniger sicher als MAK-Werte.

Technische Richtkonzentrationen (TRK)

Es handelt sich um Konzentrationen eines Stoffes in der Luft als Gas, Dampf oder Schwebstoff, der als Anhalt für zu treffende Schutzmaßnahmen heranzuziehen ist. TRK-Werte werden für Stoffe aufgestellt, für die MAK-Werte nicht aufgestellt werden können. **Es handelt sich dabei um mutagene oder kanzerogene Stoffe für die kein unbedenklicher Grenzwert vorliegt.** TRK-Werte werden vom Ausschuß für Gefahrstoffe aufgestellt und vom Bundesarbeitsministerium veröffentlicht.

Biologischer Arbeitsplatztoleranzwert (BAT)

Es handelt sich um die Konzentration eines Stoffes in einer definierten Körperflüssigkeit, unterhalb derer, nach dem heutigen Stand der Erkenntnisse, eine Gesundheitsgefährdung nicht zu befürchten ist. BAT-Werte sind von ihrer Wertigkeit somit den MAK-Werten vergleichbar. Sie werden ebenfalls von der MAK-Kommission aufgestellt.

Es soll an dieser Stelle darauf hingewiesen werden, daß arbeitsmedizinische Grenzwerte für gesunde Arbeitnehmer bei einer Expositionsdauer von 40 Stunden pro Woche aufgestellt worden sind. Bei ständiger Exposition (24 h täglich), oder bei einer Exposition von Kindern, alten Menschen oder kranken Personen, können auch bei Einhaltung dieser Grenzwerte Gesundheitsschäden nicht ausgeschlossen werden. Andererseits bedeutet eine momentane kurzfristige Überschreitung dieser Grenzwerte, wie sie auch am Arbeitsplatz vorkommen kann und darf, keine akute Gefährdung der exponierten Personen.

Somit sind arbeitsmedizinische Grenzwerte zur Beurteilung der akuten Gefährdung bei Rettungs- und Bergungsaktionen von geringem Wert. Luftkonzentrationen unterhalb des MAK- oder ARW-Wertes schließen aber eine akute Gefährdung des Rettungspersonals durch den betreffenden Stoff aus.

Störfallbeurteilungswerte (StBW)

Es handelt sich um Grenzwerte, die eine **Beurteilung der Gefährdung bei einmaliger Exposition**, d.h. im Stör- oder Katastrophenfall, ermöglichen sollen. Zur Festlegung von StBWs wird Erkenntnismaterial aus Chemieunfällen herangezogen. Es werden aber auch tierexperimentelle Ergebnisse berücksichtigt. StBWs liegen meist um 1 bis 2 Zehnerpotenzen über den entsprechenden MAK-Werten. StBWs werden von einer Chemiker-Kommission des Verbandes der Chemischen Industrie (VCI) erarbeitet.

1.4. Anzeigepflicht bei Intoxikationen

Auf der Grundlage von § 16e ChemG wurde die **Giftinformationsverordnung** (ChemGift InfoV) erlassen, die u.a. einen behandelnden Arzt verpflichtet, Vergiftungen mit gefährlichen Stoffen anzuzeigen (§ 3 ChemGiftInfoV, **Ärztliche Mitteilungspflicht bei Vergiftungen**). Die Anzeige erfolgt unter Verwendung eines Formblattes in anonymisierter Form **an das Bundesinstitut für gesundheitlichen Verbraucherschutz und Veterinärmedizin (BgVV) in Berlin**. Die Anzeige soll bei akuten Intoxikationen nach Abschluß der Behandlung, bei chronischen Intoxikationen nach Stellung der Diagnose unverzüglich erfolgen. Wurde bei der Behandlung ein Giftinformationszentrum hinzugezogen, muß die Anzeige dennoch durch den verantwortlichen behandelnden Arzt erfolgen. Von 1990 bis 1996 sind beim BgVV 3791 Meldungen eingegangen, davon 2774 meldepflichtige Vergiftungsfälle. Das BgVV wertet die eingehenden Mitteilungen über Vergiftungen aus und veröffentlicht eine Broschüre, die unter dem Titel „Ärztliche Mitteilungen bei Vergiftungen" bei der Pressestelle des BgVV angefordert werden kann.

Eine Anzeigepflicht besteht nicht bei Intoxikationen mit Arzneimitteln, da diese unter das Arzneimittelgesetz und nicht unter das Chemikaliengesetz fallen. Das Arzneimittelgesetz sieht im Gegensatz zum Chemikaliengesetz keine Mitteilungspflicht bei Intoxikationen vor. Eine Mitteilungspflicht ergibt sich für den Arzt allerdings bei der Feststellung unerwünschter Arzneimittelwirkungen (UAW), d.h. bei Nebenwirkungen, die bei bestimmungsgemäßem Gebrauch von Arzneimitteln entstehen. Diese Mitteilungspflicht ergibt sich aus den ärztlichen Berufsordnungen und ebenfalls nicht aus dem Arzneimittelgesetz. Die Mitteilungen über UAW sollten an die Arzneimittelkommission der Ärzteschaft erfolgen.

2. Einsätze mit gefährlichen Stoffen und Gütern (GSG-Einsätze)

2.1. Allgemeine Gefahren bei GSG-Einsätzen

Bei Chemieunfällen und Gefahrgut-Transportunfällen können folgende allgemeine Gefahren vorliegen:

1. **Explosionsgefahr:** Unterschieden werden physikalische Explosionen (Zerknallen), z.B. im Brandfall durch Hitzeeinwirkung auf Druckbehälter, und chemische Explosionen (z.B. Sprengstoffe).
2. **Verbrennungsgefahr:** Diese kann von heißen Gegenständen (z.B. Leitungen) durch Berühren oder auch durch Wärmestrahlung ausgehen. Verbrennungsgefahr besteht auch beim Auslaufen von entzündlichen Flüssigkeiten durch Benetzung von Haut oder Kleidung (Abbrennen der betroffenen Person).
3. **Erstickungsgefahr:** Beim Freiwerden von Gasen, die durch Verdünnung und Verdrängung den O_2-Gehalt der Luft reduzieren, besteht die Gefahr einer Hypoxie mit Bewußtseinsverlust. Besonders in Silos, Behältern, aber auch Kellerräumen muß beim Vorgehen ohne Preßluftatemgerät mit Erstickungsgefahr gerechnet werden.
4. **Vergiftungsgefahr:** Bei Bränden muß grundsätzlich mit dem Freiwerden toxischer Gase (CO, HCN, Reizgase) gerechnet werden. Bei Annäherung an einen Brandherd sollte im Zweifelsfall immer unter Atemschutz vorgegangen werden. Vergiftungsgefahr besteht ebenfalls bei Freisetzung von giftigen Gasen, Dämpfen oder Flüssigkeiten aus Behältern oder Tanks. In Abhängigkeit der physikalisch-chemischen Eigenschaften der freigesetzten Stoffe muß mit einer toxikologisch relevanten Aufnahme der Stoffe über die Haut gerechnet werden (z.B. Alkylphosphate).
5. **Verätzungsgefahr:** Es handelt sich um eine spezielle Vergiftungsgefahr, die von Säuren oder Laugen im gasförmigen, flüssigen oder festen Zustand ausgeht.
6. **Verstrahlungsgefahr:** Eine Gefährdung durch radioaktive Strahlung ist selten. Neben Unfällen in Kernkraftwerken oder Kernforschungsanlagen muß allerdings auch bei Bränden in verschiedenen Forschungsinstituten, die über ein Isotopenlabor verfügen, mit Verstrahlungsgefahr gerechnet werden. Die Gefahr kann nur durch Einsatz entsprechender Meßgeräte, und nicht durch die Sinnesorgane wahrgenommen werden. Zusätzlich zur Einwirkung ionisierender Strahlen von außen auf den Organismus, muß die Gefahr der Inkorporation von radioaktiven Isotopen durch Inhalation, mit nachfolgender Verstrahlung von innen, beachtet werden.

Darüber hinaus sind an der Einsatzstelle **Gefahren durch hohe elektrische Spannungen** (insbesondere Spannungen >1000 V), sowie mit der häufigen **Absturzgefahr** zu rechnen.

2.2. Kennzeichnung und Identifizierung von Gefahrstoffen

Von besonderer Bedeutung ist die Identifizierung der Gefahr und der beteiligten Gefahrstoffe. Hierzu stehen folgende Möglichkeiten zur Verfügung:

1. **Kennzeichnung mit Gefahrensymbolen** nach der Gefahrstoffverordnung, R- und S-Sätze
2. **Warntafeln**, evtl. mit Kemler-Zahl (Kennzeichnung der Gefahr) und der U.N.-Nummer (Kennzeichnung des Stoffes)
3. **Gefahrzettel** (Labels)
4. **Unfallmerkblätter**
5. **Frachtpapiere**

2.2.1. Gefahrensymbole, R-und S-Sätze

Bei ortsfestem Umgang mit Gefahrstoffen (Produktion, Lagerung, Verbrauch), müssen diese mit den Symbolen und Angaben gemäß der Gefahrstoffverordnung gekennzeichnet sein. Beim Transport von gefährlichen Gütern genügt die Kennzeichnung mit den verkehrsrechtlichen Symbolen. Eine Kennzeichnung mit den Symbolen der Gefahrstoffverordnung ist nicht erforderlich.

2.2.2. Warntafeln an Fahrzeugen:

Es handelt sich um **30 x 40 cm große orangefarbene Tafeln, die am Fahrzeug**, das gefährliche Stoffe transportiert, angebracht wird. Wird der gefährliche Stoff als Stückgut transportiert (Schachteln, Fässer), sind die Warntafeln nicht beschriftet (neutrale Warntafeln). Erst die **Gefahrzettel an den Versandstücken** geben **Auskunft über den transportierten Stoff**.

Warntafeln an Tankfahrzeugen enthalten 2 Felder mit Zahlenkombinationen. Das **obere Feld** enthält die **Kemler-Zahl**, zur Kennzeichnung der Gefahr, die von dem betreffenden Stoff ausgeht **(s. Tab. 23)**. Wird die Gefahr durch eine einzelne Ziffer ausreichend definiert, wird der entsprechenden Ziffer eine „0“ zugefügt (z.B. 60: giftiger Stoff). Ist die Gefahr, die von einem Stoff ausgeht erheblich, wird die Ziffer verdoppelt (z.B. 66: sehr giftiger Stoff). Gehen von einem Stoff mehrere Gefahren aus, wird die Kemler-Zahl aus 2 oder 3 Ziffern zusammengesetzt (z.B. 663: sehr giftiger, entzündbarer Stoff). Ist der Kemler-Zahl ein „X“ vorangestellt, ist mit einer gefährlichen chemischen Reaktion des Stoffes mit Wasser zu rechnen. Einige Zahlenkombinationen haben eine besondere Bedeutung (z.B. 22: tiefgekühltes Gas, 44: entzündbarer fester Stoff, der sich bei erhöhter Temperatur in geschmolzenem Zustand befindet).

Das **untere Feld** der Warntafel enthält die **U.N.-Nummer**. Die U.N.- oder UNO-Nummer ist eine vierstellige Zahl, die einen gefährlichen Stoff oder eine Gruppe gefährlicher Stoffe kennzeichnet und der Identifizierung dient. Die U.N.-Nummer wird vom Expertenkommitee der Vereinten Nationen für gefährliche Güter einem Stoff oder einer Gruppe von Stoffen zugeordnet.

2.2.3. Gefahrzettel

Bei Stückguttransporten sind die einzelnen **Versandstücke** mit Gefahrzetteln gekennzeichnet **(s. Abb. 12a)**. Gefahrzettel finden sich auch **an Behältern** oder **Tanks**. Die Symbolik unterscheidet sich von der Kennzeichnung nach der Gefahrstoffverordnung.

Tabelle 23: Die Kemler-Zahlen

Kemler-Zahl	Gefahr
2	Gas unter Druck
3	entzündliche Flüssigkeit, Dämpfe oder Gase oder selbsterhitzungsfähige Flüssigkeit
4	entzündbarer fester Stoff oder selbsterhitzungsfähiger fester Stoff
5	brandfördernder (oxidierender) Stoff
6	giftiger Stoff
7	radioaktiver Stoff
8	ätzender Stoff
9	spontan heftig reagierender Stoff

Explosionsgefährlich

Explosionsgefährlich Unterklasse 1.4

Explosionsgefährlich Unterklasse 1.5

Explosionsgefährlich Unterklasse 1.6

Feuergefährlich (Entzündbare flüssige Stoffe)

Feuergefährlich (Entzündbare feste Stoffe)

Selbstentzündlich

Entzündliche Gase bei Berührung mit Wasser

Entzündend wirkende Stoffe

Organische Peroxide, Feuergefahr

Giftig

Infektiös

Ätzend

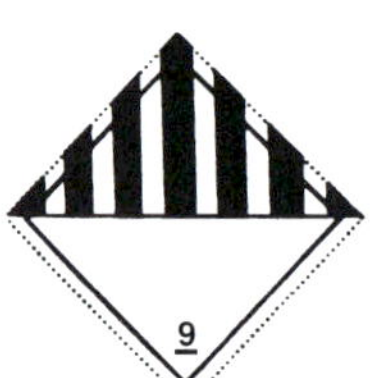

Verschiedene gefährliche Stoffe

Nichtbrennbare Gase

Meeresschadstoffe

* Angaben der Gefahrenklasse
** Unterklasse und Verträglichkeitsgruppe
*** Verträglichkeitsgruppe
**** Farbe des Symbols weiß oder schwarz

Die **Einteilung der gefährlichen Güter erfolgt in 9 Klassen**. Bei Rückmeldungen mit dem Ziel der Gefahrgutinformation , z.B. an den Funker des Einsatzleitwagens (ELW), sollten 1. die Form, 2. die Farbe und 3. die Beschriftung des Gefahrzettels mitgeteilt werden.

Bei See-, Binnenschiffahrt und Luftfrachtsendungen sind die Gefahrzettel mit einer Ziffer versehen, die die Gefahrklasse nach der U.N.-Klassifizierung angibt. Bei Versandstücken, die auf der Straße oder durch die Deutsche Bundesbahn transportiert werden, fehlt auf den Gefahrzetteln diese U.N.-Klassifizierung. Die Gefahrstoffklasse nach U.N.-Klassifizierung muß allerdings in den Verladepapieren immer angegeben sein. Gefährliche Güter werden von den Vereinten Nationen in **9 Klassen** eingeteilt. Die Gefahrklasse nach U.N.-Klassifizierung gibt einen Hinweis auf die Gefahr, die von dem Gefahrgut ausgeht. Sie ist nicht zu verwechseln mit der U.N.-Nummer im unteren Feld der Warntafeln, die die Identifikation eines Stoffes, ohne Hinweis auf die von ihm ausgehenden Gefahren erlaubt.

2.2.4. Unfallmerkblätter

Unfallmerkblätter **(s. Abb. 12b,** Unfallmerkblatt Benzin, **S. 55**), Unfallblatt Benzin werden in den Führerhäusern von LKWs oder Lokomotiven bzw. in den Steuerhäusern von Schiffen mitgeführt. Unfallmerkblätter enthalten Hinweise zu der Art der Gefahr, die vom Transportgut ausgeht, und den Maßnahmen die erforderlich sind bei Leckagen, Bränden oder bei Hautkontakt mit dem Gefahrstoff. Auch die notwendigen Maßnahmen zum Schutz von Gewässern sind aufgeführt. Unfallmerkblätter beziehen sich auf einen definierten Stoff oder auf eine Stoffgruppe und werden nach Musterempfehlungen erarbeitet.

◄ **Abb. 12a: Gefahrzettel.**
Quelle: Die Beförderung gefährlicher Güter (Hrsg: Der Bundesminister für Verkehr)

2.2.5. Fracht- bzw. Begleitpapiere

Die Begleitpapiere werden unterschiedlich bezeichnet (Frachtbrief, Container-Packzertifikat, Verantwortliche Erklärung) und sind unterschiedlich strukturiert. Sie enthalten die Bezeichnung des Stoffes (richtiger technischer Name) , die transportierte Menge, sowie die U.N.-Klassifizierung. Weiterhin können aus den Begleitpapieren, evtl. für Rückfragen bei Unklarheiten, der Name und die Anschrift des Absenders entnommen werden.

2.3. Der Transport gefährlicher Güter

2.3.1. Transport auf der Straße

In der BRD werden gefährliche Güter hauptsächlich auf der Straße transportiert (ca. 65%). Es handelt sich um schätzungsweise 3000 verschiedene Gefahrstoffe. 80% der Transportmenge besteht aus Mineralölprodukten (Benzin, Dieselöl, Heizöl). Besondere Bestimmungen zum Transport auf der Straße finden sich in der **Gefahrgutverordnung Straße (GGVS)**.

Hinweise zu den transportierten Stoffen und den Gefahren ergeben sich aus den **Warntafeln (s. Abb. 13a)**. Diese müssen angebracht werden, wenn die mitgeführte Menge einen stoffspezifischen Grenzwert übersteigt (zwischen 50 und 1000 kg).

Tankfahrzeuge mit einem Fassungsvermögen von mehr als 1000 l müssen mit einer Warntafel mit Gefahrnummer und Stoffnummer gekennzeichnet sein. Bei einem Tankfahrzeug mit einer Einzelkammer genügt das Anbringen von Warntafeln vorne und hinten. **Seitlich** muß das Fahrzeug mit den entsprechenden **Gefahrzetteln** gekennzeichnet sein **(s. Abb. 13b)**. Besteht der Tank aus mehreren Kammern, muß jede einzelne Kammer gekennzeichnet werden. Auch leere Kammern müssen gekennzeichnet werden. Nach Reinigung eines Tanks oder einer Kammer sind die Kennzeichnungen zu verdecken oder zu entfernen.

Beim **Transport radioaktiver Stoffe** muß das Fahrzeug zusätzlich zu neutralen Warntafeln seitlich und hinten **mit entsprechenden Gefahrzetteln** gekennzeichnet werden.

Weitere Hinweise ergeben sich aus den im Führerhaus mitgeführten **Unfallmerkblättern** und **Frachtpapieren**.

2.3.2. Transport mit der Eisenbahn

Ca. 10% der gefährlichen Güter werden mit der Eisenbahn transportiert. Die einschlägigen Bestimmungen sind in der **Gefahrgutverordnung Eisenbahn (GGVE)** enthalten. Beim Transport von Versandstücken werden die Waggons oder Container mit **Gefahrzetteln** gekennzeichnet. Warntafeln werden dagegen nicht angebracht. Bei einer gefährlichen Ladung können die Waggons mit bis zu **3 roten Dreiecken** gekennzeichnet sein **(Rangierhinweis)**.

Tank- und Kesselwagen (s. Abb. 13c–d) müssen **beidseits** mit **Warntafeln** (mit Kemler-Zahl und U.N.-Nummer) und mit **Gefahrzetteln** gekennzeichnet werden, wenn ihr Fassungsvermögen über 3000 l liegt. Kesselwagen, die **verflüssigte Gase** enthalten, werden mit einem orangen Band, das um den Waggon herumführt, gekennzeichnet.

Weitere Hinweise ergeben sich aus den im Führerstand der Lokomotive mitgeführten **Unfallmerkblättern** und **Beförderungspapieren**.

2.3.3. Transport auf Binnenwasserstraßen

Auf den Binnenwasserstraßen werden in Deutschland **ca. 13% der gefährlichen Güter** transportiert. Die einschlägigen Bestimmungen sind in der **Gefahrgutverordnung Binnenschiffahrt (GGVBinSch)** enthalten.

Binnenschiffe, die gefährliche Güter transportieren, müssen tagsüber mit blauen Kegeln mit der Spitze nach unten und nachts mit blauen Lichtern auf dem Hinterschiff kenntlich gemacht werden **(s. Tab. 24 u. Abb. 14, S. 57)**. Kegel und Lichter sind senkrecht untereinander anzuordnen. Die Anzahl der Kegel oder Lichter gibt Hinweise auf die Art des mitgeführten Gutes (s. Tab. 24).

Im Steuerhaus müssen **Unfallmerkblätter** und **Staupläne**, aus denen die Unterbringung der Ladung innerhalb des Schiffes hervorgeht, mitgeführt werden.

2.3.4. Transport im Seeschiffsverkehr

Auf dem Seeweg werden **ca. 11% der gefährlichen Güter** transportiert. Die einschlägigen Bestimmungen sind in der **Gefahrgutverordnung Seeschiffahrt (GGVSee)** enthalten.

Beim Transport von gefährlichen Gütern werden Schiffe tagsüber mit einer roten Signalflagge und nachts mit einem roten Rundumlicht versehen (s. Abb. 15, S. 58). Einzelne Versandstücke werden nicht mit den an Land üblichen Gefahrzetteln gekennzeichnet. Vorgeschrieben sind Gefahrzettel nach dem **IMDG-Code** (International Maritime Danger Code). Wie im Bereich der Binnenschiffahrt, müssen im Steuerhaus Staupläne, aus denen die Unterbringung der Ladung innerhalb des Schiffes hervorgeht, mitgeführt werden.

Tabelle 24: Bedeutung der Anzahl der blauen Kegel (oder der blauen Lichter bei Nacht) in der Binnenschiffahrt.

Kennzeichnung	Art des Gefahrgutes
1 blauer Kegel/Licht	feuergefährliche Güter
2 blaue Kegel/Lichter	Ammoniak oder gleichgestellte Güter
3 blaue Kegel/Lichter	explosionsgefährliche Güter

UNFALLMERKBLATT FÜR STRASSENTRANSPORT

CEFIC TEC(R)-530
Rev. 1

Klasse 3 ADR
Ziff. 3b)

BENZIN (mit Siedepunkt unter 65°C)

33
1203

Eigenschaften des Ladegutes:
Flüssigkeit mit wahrnehmbarem Geruch
Nicht mischbar mit Wasser
Leichter als Wasser

Gefahren:
Leicht entzündbar (Flammpunkt unter 21° C)
Leicht flüchtig
Dämpfe sind unsichtbar, schwerer als Luft und breiten sich am Boden aus.
Bildet mit Luft explosible Gemische, auch in leeren, ungereinigten Behältern.
Hohe Konzentrationen von Dampf führen zur Bewußtlosigkeit
Erhitzen führt zu Drucksteigerung: erhöhte Berst- und Explosionsgefahr

Schutzausrüstung:
Dichtschließende Schutzbrille
Kunststoff- oder Gummihandschuhe
Augenspülflasche mit reinem Wasser

NOTMASSNAHMEN

Sofort Feuerwehr und Polizei benachrichtigen

- Motor abstellen
- Zündquellen fernhalten (z. B. kein offenes Feuer) Rauchverbot
- Straße sichern und andere Straßenbenutzer warnen!
- Unbefugte fernhalten!
- Explosionsgeschützte Leuchten und Elektrogeräte benutzen!
- Auf windzugewandter Seite bleiben!

Leck

- Wenn möglich, Undichtheiten beseitigen
- Flüssigkeit mit Erde oder dergl. eindämmen, verdampfen lassen
- Kanalisation abdecken und Keller evakuieren lassen
- Bevölkerung warnen – Explosionsgefahr
- Falls Produkt in Gewässer oder Kanalisation gelangt ist oder Erdboden oder Pflanzen verunreinigt hat, Feuerwehr oder Polizei darauf hinweisen

Feuer

- Bei Feuereinwirkung Behälter mit Wassersprühstrahl kühlen
- Löschen vorzugsweise mit Löschpulver, Schaum, Halonen, Wassersprühstrahl
- Niemals scharfen Wasserstrahl verwenden

Erste Hilfe

- Falls Produkt in Augen gelangt, unverzüglich mit viel Wasser mehrere Minuten spülen
- Durchtränkte Kleidungsstücke unverzüglich entfernen
- Ärztliche Hilfe erforderlich bei Symptomen, die offensichtlich auf Einatmen der Dämpfe zurückzuführen sind

Zusätzliche Hinweise des Herstellers oder Absenders:

TELEFONISCHE RÜCKFRAGE:

Für den Inhalt verantwortlich:
(Name und Anschrift der natürlichen oder juristischen Person)

Gilt nur während des Straßentransports Deutsch

Abb. 12b: Unfallmerkblatt Benzin.
Quelle: Merkblatt „Gefährliche Stoffe und Güter." Hrsg: Staatliche Feuerwehrschule Würzburg

a.)

b.)

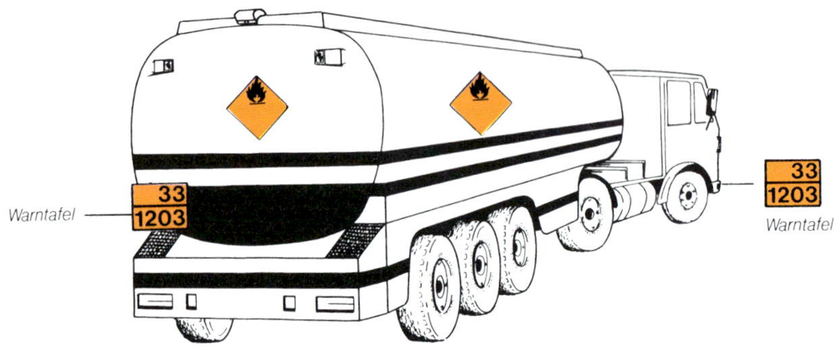

c.)

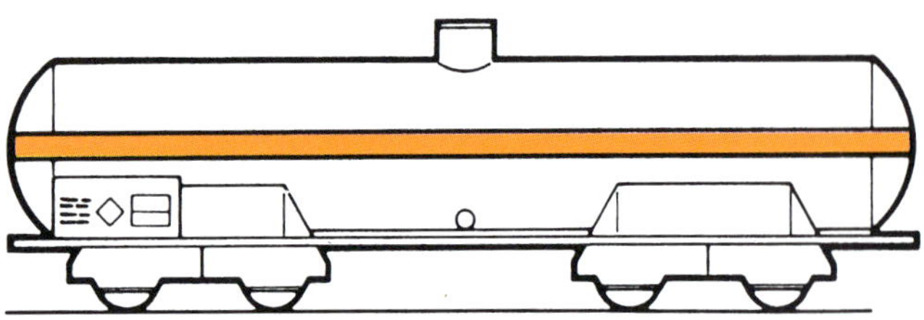

d.)

Abb. 13a: Warntafel
(U.N.-Nummer 1482: Natrium; X432: entzündbarer fester Stoff, der mit Wasser heftig reagiert, wobei brennbare Gase entweichen.

Abb 13b: Kennzeichnung von Tankfahrzeugen
(Benzin-Transport)
Quelle: Bundesministerium f. Verkehr.

Abb. 13c: Warnzeichen an Kesselwagen mit verflüssigtem Gas. Quelle: Merkblatt „Gefährliche Stoffe und Güter." Hrsg: Staatliche Feuerwehrschule Würzburg.

Abb. 13d: Kesselwaggon mit (nicht anderweitig definiertem) **Kohlenwasserstoffgas** (auch Gemisch) im verflüssigten Zustand (U.N.-Nummer 1965).
Quelle: Dipl.-Ing. Klaus Ridder, Königswinter.

2.3.5. Transport im Flugverkehr

Auf dem Luftweg werden **nur sehr geringe Mengen an gefährlichen Gütern transportiert** (< 1%). Es handelt sich oft um Güter, die schnell transportiert werden müssen. Die Gefährlichkeit dieser Güter kann trotz der kleinen Mengen erheblich sein.

Im Flugverkehr werden nur die einzelnen Versandstücke gekennzeichnet. Eine Kennzeichnung des Luftfahrzeugs findet nicht

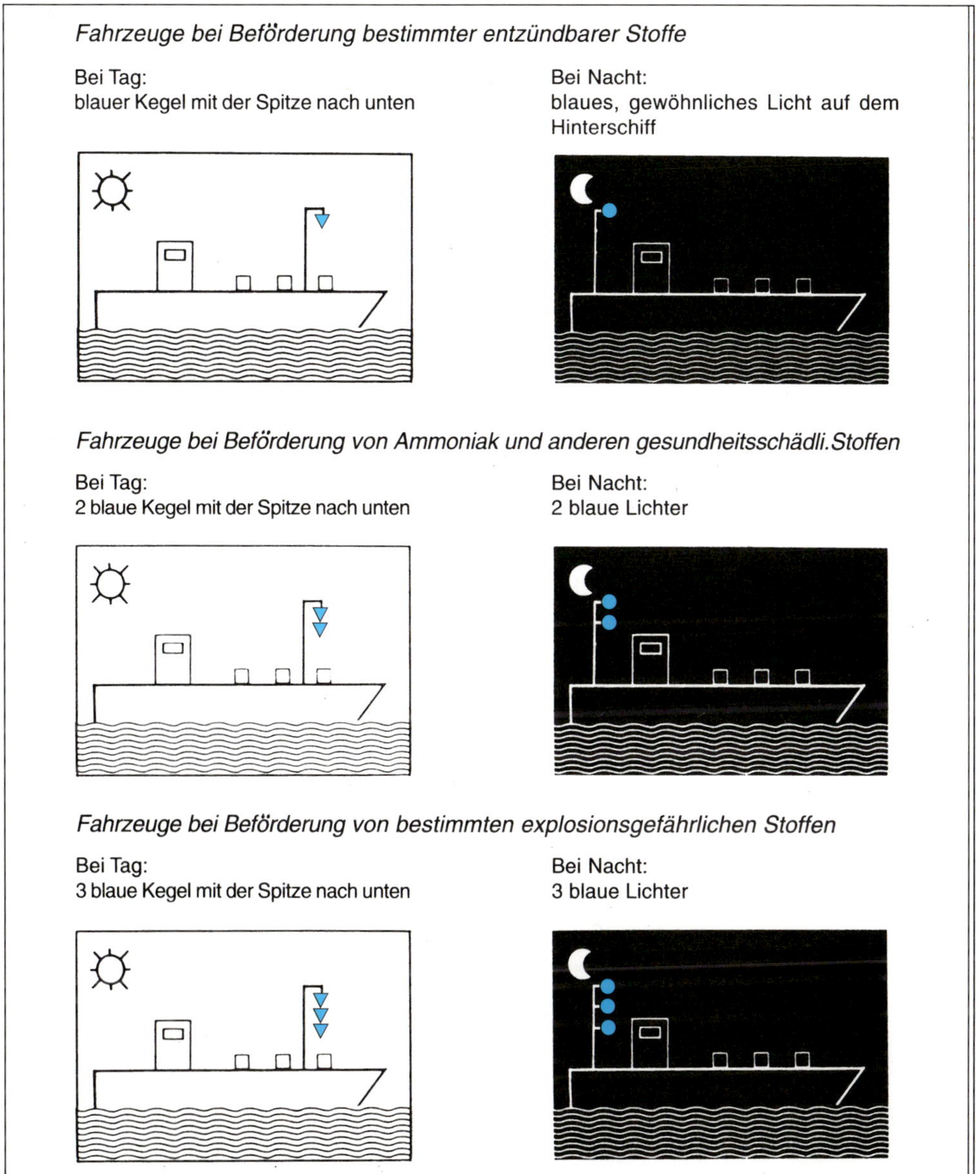

Abb. 14: Kennzeichnung von Binnenschiffen beim Transport gefährlicher Güter.
Quelle: Merkblatt „ Gefährliche Stoffe und Güter", Hrsg: Staatliche Feuerwehrschule Würzburg

2.4. Maßnahmen bei GSG (gefährliche Stoffe und Güter)-Einsätzen

2.4.1. Allgemeine Maßnahmen

Im Folgenden soll das Vorgehen bei Gefahrgutunfällen näher erläutert werden:

1. Die **Einsatzstelle muß gesichert und abgesperrt werden**. Der Mindestabstand zum Schadensobjekt sollte 50 m betragen. Es ist sicherzustellen, daß sich im abgesperrten Bereich keine Personen im Freien aufhalten.
2. Die **Gefahrenstelle ist zu erkunden**. Die **Annäherung** an das Schadensobjekt sollte **auf der windzugewandten (Luv-)Seite** erfolgen. Das Entweichen von Gasen oder Dämpfen muß nicht sichtbar sein. Spezifische Gerüche, zischende Geräusche oder Nebelbildungen weisen allerdings auf die Freisetzung von Gasen oder Dämpfen hin. Rauch kann auch durch einen Brand oder durch chemische Reaktion einer freiwerdenden Flüssigkeit mit der Umgebungsluft entstehen. An trockenen Tagen können Pfützen auf das Auslaufen von Flüssigkeit hindeuten.
3. Bei Annäherung an das Schadensobjekt muß **umluftunabhängiger Atemschutz** und, in Abhängigkeit der Verhältnisse, mindestens eine **wasserabweisende Überjacke** oder evtl. ein **Chemieschutzanzug** getragen werden.
4. Von besonderer Bedeutung bei der Erkundung ist die Feststellung der Gefahrenklasse. Die besonderen Gefahren und die zu treffenden Maßnahmen richten sich nach der Gefahrenklasse, dem der gefährliche Stoff zugeordnet ist.
5. Frühzeitig sollten zusätzlich benötigte Einsatzkräfte und/oder Sachverständige hinzugezogen werden.

2.4.2. Besondere Maßnahmen

Klasse 1: Explosive Stoffe

Sie unterscheiden sich von normalen Brennstoffen dadurch, daß sie den für eine Oxidation notwendigen Sauerstoff in sich tragen. Der **Sauerstoff** kann **im Sprengstoffmolekül enthalten** sein (Nitroglycerin, Trinitrotoluol = TNT) **oder** der Sprengstoff besteht aus einem Gemisch, das einen **Stoff** enthält, **der Sauerstoff leicht freisetzt** (Schwarzpulver: Schwefel, Holzkohle und Kaliumnitrat). Bei Explosionen können Splitter oder Sprengstücke bis auf über 1000 m weggeschleudert werden.
Die Gefahr und die Schutzmaßnahmen sind von der Unterklasse **(s. Tab. 25)** abhängig.

Die größte Gefahr geht von Stoffen der Klasse 1.1 aus (massenexplosionsfähig), desweiteren von Stoffen der Klasse 1.2 und 1.5. Bei Stoffen der Klasse 1.1 und 1.5 sollte ein Sicherheitsabstand von 1000 m ohne Deckung und von 500 m mit Deckung eingehalten werden. Bei Stoffen der Klasse 1.2 ist ein Sicherheitsabstand von 300 m ohne Deckung und von 150 m mit Deckung notwendig.

Fahrzeuge, die bestimmte gefährliche Güter befördern und nicht entgaste Tankfahrzeuge, die nicht inertisiert sind.

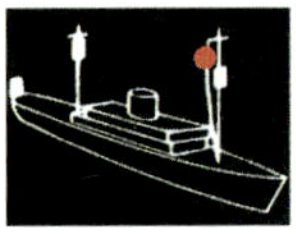

Bei Nacht: ein rotes Rundumlicht

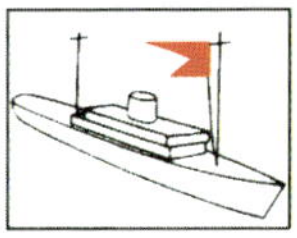

Am Tage: die Flagge "B" des internationalen Signalbuchs. Auf dem Nord-Ostsee-Kanal müssen diese Sichtzeichen an der Backbord-Rah oder an anderer geeigneter, von vorn gut sichtbarer Stelle der Backbordseite geführt werden.

Abb.15: Kennzeichnung von Seeschiffen bei der Beförderung gefährlicher Güter. Am Tage: rote Signalflagge (Flagge „B" des internationalen Signalbuchs); bei Nacht: rotes Rundumlicht. Quelle: Merkblatt „Gefährliche Stoffe und Güter", Hrsg: Staatliche Feuerwehrschule Würzburg

Tabelle 25: Aufteilung der explosiven Stoffe auf Unterklassen.

Unterklasse	Eigenschaften
1.1	massenexplosionsfähig
1.2	Bildung von Splittern, Spreng- und Wurfstücken; nicht massenexplosionsfähig
1.3	starke Hitzeentwicklung; geringere Splitter-, Spreng- und Wurfstückwirkung
1.4	geringe Explosionsgefahr
1.5	massenexplosionsfähig, sehr unempfindlich
1.6	nicht massenexplosionsfähig, sehr unempfindlich.

In Anwesenheit von Explosivstoffen der Unterklassen 1.1, 1.2 oder 1.5 sollten bei Entwicklung eines Brandes keine Brandbekämpfungsmaßnahmen mehr eingeleitet werden; das Gelände muß unverzüglich geräumt werden. Bei Unfällen mit Explosivstoffen der Unterklassen 1.3, 1.4 oder 1.6 ist die Gefahr geringer und eine Annäherung auf eine geringere Distanz vertretbar (Klasse 1.3: 60 m mit Deckung, 150 m ohne Deckung; Klasse 1.4: 25 m).

Im Geschäftsbereich der **Bundeswehr**, wird **Munition** aus brandschutztechnischer Sicht in **4 Munitionsbrandklassen** eingeteilt **(s. Abb. 16)**, die mit eigenen Symbolen gekennzeichnet sind (ZDv 34/240).

Nach einem Brand in dem Explosivstoffe involviert waren, darf mit Aufräumarbeiten erst begonnen werden, wenn ein Sprengmeister die Einsatzstelle freigegeben hat.

Tabelle 26: Einteilung und Kennzeichnung nach den Brandschutzbestimmungen für den Umgang mit Munition (Zentrale Dienstvorschrift ZDv 34/240 der Bundeswehr). Angaben aus dem Merkblatt „Gefährliche Stoffe und Güter „ für die Feuerwehren Bayerns (Hrg: Staatliche Feuerwehrschule Würzburg).

Munitionsbrandklasse	Hauptsächliche Gefahr
1	Massenexplosion, Splitter und andere Wurfstücke
2	Explosion, Splitter und andere Bruchstücke
3	Massenfeuer, teilweise Explosionen, starke Rauch- und Nebelwirkung, starke Hitze
4	Feuer und Hitze (normaler Brand)

Tabelle 27: Aufbewahrungsform von Gasen in Druckgasflaschen.

Verdichtete Gase	Sauerstoff, Stickstoff, Wasserstoff, Edelgase
Druckverflüssigte Gase	Propan, Butan, Kohlendioxid, Ammoniak
Unter Druck gelöstes Gas	Acetylen

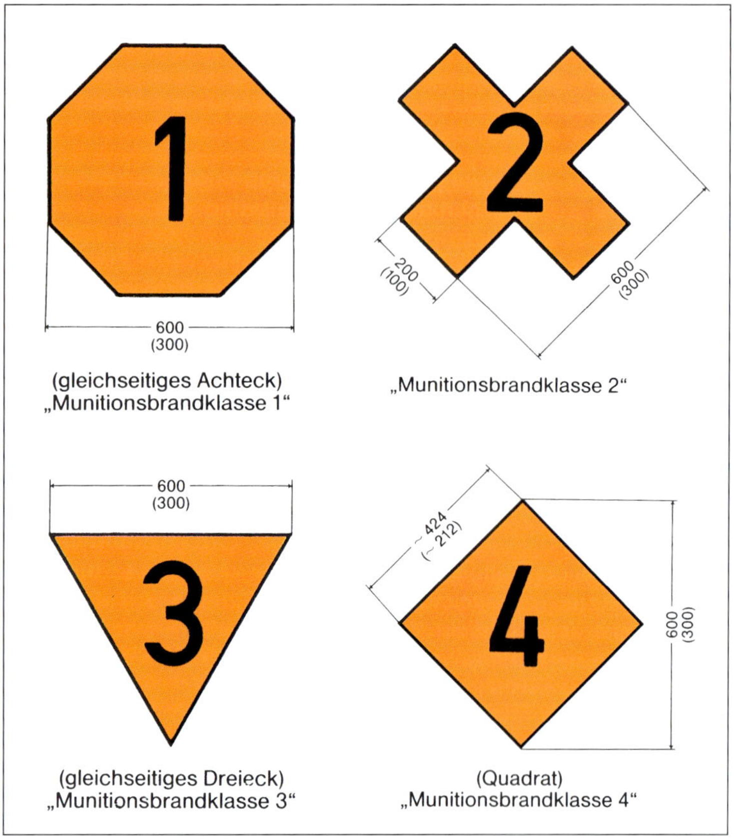

Abb. 16: Munitionsbrandklassenschilder. Quelle: Merkblatt „Gefährliche Stoffe und Güter", Hrg: Staatliche Feuerwehrschule Würzburg

Klasse 2: Verdichtete, verflüssigte oder unter Druck gelöste Gase

Druckgasflaschen werden durch ihre Farbe (oder einen Farbring) gekennzeichnet (s. Tab. 28). Campingflaschen (Propan, Butan) sind mit einem Flammensymbol, und nicht durch eine besondere Farbe gekennzeichnet.

Bei Erwärmung, z.B. durch einen Brand in der Umgebung, steht die Gefahr eines Druckbehälterzerknalls im Vordergrund. Bei zunehmender Temperatur dehnen sich Gase aus, bzw. der Druck nimmt zu. Bei Flüssiggasen nimmt auch das Flüssigkeitsvolumen zu und das im Behälter verbleibende Gasvolumen wird reduziert. Der Behälter verliert bei höheren Temperaturen darüber hinaus an Festigkeit. Bei einem Druckbehälterzerknall können Wurfstücke bis auf über 1000 Meter weggeschleudert werden (Speicheranlagen). An den Zerknall kann sich ein Brand anschließen.

Wichtigste Maßnahme ist das Kühlen der Behälter aus der Deckung heraus. Der Sicherheitsabstand (s. Tabelle 29) der dabei eingehalten werden sollte, ist von der Menge und der Größe der Behälter abhängig.

Bei **Erwärmung von Acetylenflaschen** ist zu berücksichtigen, daß sich die chemische Zersetzung von Acetylen mit der Folge eines Druckanstiegs auch nach erfolgreichem Abkühlen der Behälter fortsetzt. Ein Gefäßzerknall kann daher noch nach vielen Stunden auftreten. Acetylenflaschen sind daher über mindestens 24 h zu kühlen und im Anschluß einer sachkundigen Person zu übergeben.

Tabelle 28: Kennzeichnung von Gasflaschen.

Farbe	Gas	Anschlußgewinde
gelb	Acetylen	Bügelverschluß
rot	brennbare Gase außer Acetylen	Linksgewinde außen
blau	Sauerstoff	Rechtsgewinde außen
grün	Stickstoff	Rechtsgewinde außen
grau	sonstige nicht brennbare Gase	Rechtsgewinde außen

Ausgelaufene verflüssigte Gase sollten mit (Mittel)schaum abgedeckt werden, um ein Verdampfen zu verhindern und einer Brandentstehung vorzubeugen. Kanalisationsschächte sollten gesichert werden.

Unter tiefkalten Gasen versteht man unter Druck verflüssigte oder gekühlte Gase. Tiefkalte Gase können bei Kontakt mit der Haut Erfrierungen hervorrufen. Zusätzliche Gefahren (z.B. Vergiftungsgefahr bei Chlor) können bestehen.

Klasse 3: Entzündbare flüssige Stoffe

Von besonderer Bedeutung zur Beurteilung der Brand- und Explosionsgefahr ist die Kenntnis des Flammpunkts der Flüssigkeit, bzw. die Zugehörigkeit zur Brandklasse nach VbF. Ausgelaufene Flüssigkeiten sollten zunächst zur Verhinderung einer Brandentstehung mit Schaum überdeckt werden. Bei Bränden sind Schaum und Pulver als Löschmittel geeignet. Kanalisationsschächte sollten gesichert werden. Zusätzliche Gefahren (Vergiftungs- oder Verätzungsgefahr) können zusätzlich vorliegen.

Klasse 4.1: Entzündbare feste Stoffe

Es handelt sich um **Stoffe, die mit Sauerstoff stark exotherm (unter starker Hitzeentwicklung) reagieren** und bei denen ein besonders heftiges Brandgeschehen zu erwarten ist (z.B.: roter Phosphor, Zündhölzer, Metallpulver). Die besondere Eigenschaft kann auf die chemische Zusammensetzung oder auf die physikalischen Eigenschaften des Brennstoffes (Pulver) zurückzuführen sein.

Wichtigste Maßnahme ist das Fernhalten von Zündquellen. Pulver oder Stäube sollten nicht aufgewirbelt werden (z.B. durch Wasser im Vollstrahl).

Klasse 4.2: Selbstentzündliche Stoffe

Hierzu gehören weißer Phosphor und verschiedene Metallstäube. Die **Zündtemperatur ist so niedrig, daß sie sich bei normaler Umgebungstemperatur auch ohne zusätzliche Wärmezufuhr leicht entzünden**. Diese Stoffe werden unter einem inerten (reaktionsträgen) Schutzgas (Stickstoff oder ein Edelgas) oder einer Schutzflüssigkeit aufbewahrt (z.B. weißer **Phosphor** in Wasser). Bei Unfällen ist damit zu rechnen, daß Behälter zerbrechen und das inertisierende Gas oder die Schutzflüssigkeit entweicht. In diesen Fällen ist mit einer Brandentstehung zu rechnen.

Klasse 4.3: Stoffe, die mit Wasser entzündbare Gase entwickeln

Hierzu gehören die **Alkalimetalle** (Natrium, Kalium) und **Erdalkalimetalle** (Calcium).

Derartige Brände dürfen daher *nicht* mit Wasser gelöscht werden.

Klasse 5.1: Entzündend wirkende Stoffe

Es handelt sich um **Stoffe, die Sauerstoff freisetzen können**, und dadurch ein Brandgeschehen auslösen oder unterhalten können **(z.B. Nitrate, Chlorate, Perchlorate, Wasserstoffperoxid)**. Brennstoffe sollten von entzündend wirkenden Stoffen daher ferngehalten werden.

Klasse 5.2: Organische Peroxide

Diese Stoffe **neigen zu einer exotherm verlaufenden Selbstzersetzung**. Diese **kann auch explosionsartig** verlaufen. Brände können unter Einhaltung eines ausreichenden Sicherheitsabstandes mit großen Wassermengen bekämpft werden.

Klasse 6.1: Giftige Stoffe

Aus der Zugehörigkeit zu dieser Klasse ist nicht auf die speziellen toxikologischen Eigenschaften eines Stoffes zu schließen. Spezielle toxikologische Eigenschaften und therapeutische Maßnahmen können nur nach Identifikation des Stoffes aus Unfallmerkblättern, Handbüchern oder Datenbanken **(siehe auch Anhang V Giftinformationszentren)** entnommen werden.

Bei Annäherung an die Gefahrenstelle ist immer umluftunabhängiger Atemschutz zu tragen, da beim Vorliegen von Gasen oder Dämpfen immer mit einer inhalativen Resorption (Aufnahme über die Lungen) gerechnet werden muß. Auch Schutzhandschuhe müssen zur Verhinderung einer Kontamination der Haut immer getragen werden. Beim Vorliegen von Stoffen, die über die Haut resorbiert werden können, oder in unklaren Situationen, sollte ein Chemieschutzanzug getragen werden.

Die Kanalschächte sollten beim Auslaufen toxischer Flüssigkeiten frühzeitig abgedichtet werden. Nach dem Einsatz sollte auf eine ausreichende Dekontamination geachtet werden, um die Verschleppung von toxischen Stoffen zu vermeiden. In Zweifelsfällen empfiehlt

Tabelle 29: Sicherheitsabstände beim Kühlen von Druckgasbehältern.

Behälter	Volumen (m^3)	Größte Lagermasse (kg)	Sicherheitsabstand für Einsatzkräfte unter Hitzeschutzbekleidung (m)	Gefahrenbereich zur Räumung (m)
Druckgasflaschen	< 0,08	33	15	50
LKW bis 5t Ladegewicht	6 – 11	2500–5000	75	150 – 400
Sattelzug	20 – 36	9000–16000	100	150 – 400
Eisenbahnkesselwagen	62 – 110	26000–46000	150	200 – 750
Speicheranlagen	< 250	100000	200	300 – 1500
Binnenschiffe	< 1000 > 1000	430000 430000	500	500 – 2000 800 – 2500

sich das frühzeitige Heranziehen von toxikologischen Sachverständigen.

Klasse 6.2: Ansteckungsgefährliche Stoffe

Es handelt sich um **mit Mikroorganismen** (Bakterien, Viren, Pilze, Protozoen, Helminthen, Prionen) **kontaminierte Stoffe oder infizierte Tiere**, die Krankheiten auslösen können.

Bei Annäherung an eine Gefahrenstelle sollte immer **umluftunabhängiger Atemschutz** und **Gummihandschuhe** getragen werden. Im Zweifelsfall ist das **Tragen eines Chemieschutzanzugs** empfehlenswert.

Die Einteilung biotechnischer Anlagen (z.B. bestimmte Universitätslabore) erfolgt in **3 Gruppen (s. Tab. 30)**. Bei Transportunfällen ist von der Gefährdungsgruppe BIO II auszugehen.

Das frühzeitige **Heranziehen von Sachverständigen** ist empfehlenswert. Eine mikrobielle Kontamination von Material ohne Kennzeichnung ist an der Einsatzstelle mit den Möglichkeiten der Feuerwehr nicht sicher festzustellen. **Nach einem Einsatz mit ansteckungsfähigen Stoffen ist das eingesetzte Material als kontaminationsverdächtig einzustufen, bis nach Desinfektion die Freigabe durch eine sachverständige Person erfolgt.**

Klasse 7: Radioaktive Stoffe

Eine **Gefährdung kann durch alpha-, beta- oder gamma-Strahlung erfolgen.** Alpha-Strahlung ist eine Partikelstrahlung (2 Protonen + 2 Neutronen) mit geringer Reichweite (wenige cm in Luft). Alpha-Strahlung besitzt jedoch bei Einwirkung auf menschliches Gewebe wegen ihrer hohen Energie ein großes Schädigungsvermögen (z.B. karzinogene Wirkung). Beta-Strahlung ist ebenfalls eine Partikelstrahlung und besteht aus Elektronen. Beta-Strahlung besitzt, in Abhängigkeit ihrer Energie und damit des aussendenden Isotops, eine deutlich größere Reichweite als alpha-Strahlung (einige m in Luft). Gamma-Strahlung ist elektromagnetische Strahlung und besitzt eine sehr große Reichweite, sowie ein großes Durchdringungsvermögen durch Materie. Ein sicherer Schutz ist daher mit „Strahlenschutzanzügen" nicht möglich.

Räume oder Behältnisse, die radioaktive Stoffe enthalten, müssen gekennzeichnet werden (s. Abb. 17). Für einzelne radioaktive Stoffe sind in der Strahlenschutzverordnung Freigrenzen festgelegt. In Abhängigkeit der gelagerten Isotopenmenge (Aktivität) werden 3 Gefahrengruppen unterschieden, die auch unterschiedlich gekennzeichnet werden.

Tabelle 30: Biologische Gefahrengruppen.

Gefährdungsgruppe	Risiko	Sicherheitsstufe gem. Gentechnik-Sicherheitsverordnung	Maßnahmen
BIO I	kein Gefährdungspotential	1	keine Sonderausrüstung
BIO II	mit Gefährdungspotential	2 oder 3	Sonderausrüstung, besondere Hygienemaßnahmen
BIO III	mit hohem Gefährdungspotential	4	Sonderausrüstung, besondere Hygienemaßnahmen, Anwesenheit einer fachkundigen Person

Abb 17: Kennzeichnung radioaktiver Güter

Bei Einsätzen mit radioaktiven Stoffen sollte die Einsatzzeit so kurz wie möglich gehalten werden. Auch der Abstand zur Strahlenquelle sollte so groß wie möglich gehalten werden: Eine Verdopplung der Distanz zur Strahlenquelle reduziert die Dosisleistung auf 1/4. Eine Kontamination der Haut und eine Inkorporation läßt sich durch umluftunabhängigen Atemschutz und durch das Tragen eines Vollschutzanzuges vermeiden.

Nach Verlassen des Gefahrenbereiches muß eine Kontamination ausgeschlossen werden. Zur Messung von **Gammastrahlen** eignen sich **Dosisleistungsmesser**. Zur Erfassung einer **alpha- oder betastrahlenden Kontamination** an Gegenständen oder Personen können **spezielle Kontaminations-Nachweisgeräte** eingesetzt werden (Minicont H 1370 W-Bund oder Minicont – 2 H 13413).

Klasse 8: Ätzende Stoffe

Es handelt sich um **Säuren oder Laugen**, die bei Kontakt die **Haut schädigen**. Die Inhalation von Dämpfen kann aber auch zu **Verätzungen der Atemwege** führen.

Es sind daher Atemschutz, Handschuhe und, in Abhängigkeit der Situation, ein Chemieschutzanzug zu tragen.

Kanalschächte sollten beim Auslaufen ätzender Lösungen abgedichtet werden. Säuren oder Laugen sollten wegen ihrer Umweltschädlichkeit aufgefangen werden. Unter Umständen ist ein Verdünnen mit viel Wasser möglich. Dabei ist zu bedenken, daß bei der Verdünnung Wärme freigesetzt wird, die ein Sieden und Spritzen des Säure-Wasser-Gemisches verursachen kann.

Klasse 9: Verschiedene gefährliche Stoffe und Gegenstände

Zu dieser Klasse gehören sehr unterschiedliche Stoffe: **z.B. verflüssigte Metalle, Asbest, organische Stoffe, die beim Verbrennen Dioxine freisetzen können**, usw... Allein aus der Zugehörigkeit zur Klasse 9 läßt sich das Gefährdungspotential nicht ableiten.

2.4.3. Besondere Maßnahmen des Notarztes

Das Vorgehen richtet sich nach den allgemeinen Prinzipien bei Großschadensfällen:

1. Lagefeststellung
Die Aufgabe des ersteintreffenden Notarztes besteht zunächst in der **Kontaktaufnahme mit dem technischen Einsatzleiter**. Von Bedeutung ist die Frage nach der **Art der Gefährdung und des zu erwartenden Verletzungsmusters** (Brand-, Explosions-, Vergiftungsgefahr), ggf. die Art des giftigen Stoffes, der freigesetzt worden ist, sowie die Zahl der vermutlich Verletzten oder gefährdeten Personen.
2. Planung
Nach Feststellung der Lage sollten frühzeitig **zusätzlich benötigte Rettungsmittel** be-

stimmt und nachgefordert werden (zusätzliche Notärzte, Rettungswagen, Krankentransportwagen, Großrettungswagen, evtl. auch Mannschaftstransportwagen zum Transport von Leichtverletzten). Die **Zahl und Art der benötigten Krankenhausbetten** müssen abgeschätzt werden. Schwerverletzte und intensivpflichtige Patienten sollten in Abhängigkeit der Aufnahmekapazitäten auf verschiedene Krankenhäuser verteilt werden.

Die betreffenden Krankenhäuser sollten so frühzeitig wie möglich über die anstehenden Einlieferungen, vorzugsweise mit genauen Angaben zu den vorliegenden Verletzungen, informiert werden, so daß notwendige Maßnahmen bereits im voraus durchgeführt werden können (Personalplanung, OP-Vorbereitung, evtl. Verlegung von Intensivpatienten auf Normalstationen).

3. Befehlsgebung

Die gesamte **Kommunikation** an der Einsatzstelle hat in Hinblick auf die Einheitlichkeit der Befehlsgebung **über den Einsatzleitwagen (ELW)** zu erfolgen. Ankunft und Abfahrten von Rettungsmitteln sind entsprechend dem Funker des ELW mitzuteilen und die Genehmigung des Einsatzleiters zum Verlassen der Einsatzstelle einzuholen.

Die medizinische Versorgung von Verletzten bei einem Gefahrgutunfall erfolgt in der Reihenfolge:

1. Rettung und Bergung aus dem Gefahrenbereich
2. Dekontamination
3. Untersuchung und Behandlung
4. Transport ins Krankenhaus.

Die Rettung aus dem Gefahrenbereich erfolgt durch die Feuerwehr unter Schutzkleidung und Atemschutz. Die Verletzten werden zur **Verletztenablage** transportiert, dort ausgezogen und in einem Dekontaminationscontainer gewaschen und geduscht. Zur **Dekontamination** kann Seife und Leitungswasser benutzt werden. Während der Dekontaminationsmaßnahmen sollten die Helfer, wie bei der Rettung aus dem Gefahrenbereich, Schutzkleidung und Atemschutz tragen. Die Verletzten werden nach erfolgter Dekontamination zur Verletztensammelstelle gebracht und dort vom Rettungsdienst in Empfang ge-

Tabelle 31: Einteilung der Gefahrengruppen bei Einsätzen mit radioaktiven Stoffen.

Gefahrengruppe	Definition	Maßnahmen
Gefahrengruppe I	Gesamtaktivität < 10000fachen der Freigrenze Gesamtaktivität < 10000000fachen der Freigrenze bei umschlossenen Strahlern	keine Sonderausrüstung
Gefahrengruppe II	Gesamtaktivität > 10000fachen und < 10000000 fachen der Freigrenze	Sonderausrüstung Strahlenschutzüberwachung Sonderausbildung der Einsatzkräfte
Gefahrengruppe III	Gesamtaktivität > 10000000fachen der Freigrenze	Sonderausrüstung Strahlenschutzüberwachung Sonderausbildung der Einsatzkräfte Anwesenheit eines Sachverständigen

nommen. An der Verletztensammelstelle werden die Patienten erfaßt, untersucht, bei Bedarf behandelt und für den Transport vorbereitet.

4. Kontrolle
Es empfiehlt sich eine rasche **Trennung von Leichtverletzten**, die einer Leichtverletzten-Sammelstelle zugeordnet werden, und Schwerverletzten, die nach Zusammenführung bei knappen Personalressourcen einfacher betreut werden können.

Nach Inhalation von Reizgasen sind auch Leichtverletzte mit einem inhalativen Glucocorticoid-Dosieraerosol zu versorgen und über die Gefahr eines toxischen Lungenödems aufzuklären.

Von der Verletztensammelstelle aus vollzieht sich der Transport in die vorgesehenen Krankenhäuser. Die Einrichtung einer Verletztensammelstelle sollte daher nach Möglichkeit an einem verkehrsgünstigen Punkt erfolgen, der ein rasches Anfahren und reibungslosen Abtransport ermöglicht.

Es ist darauf zu achten, daß nur korrekt dekontaminierte Patienten zur Verletztensammelstelle gebracht werden, da ansonsten eine nicht kontrollierbare Verschleppung von Gefahrstoffen in die Rettungsmittel und Krankenhäuser erfolgt.

2.5. Informationsmöglichkeiten bei Gefahrgutunfällen

In Abhängigkeit vom Schadensausmaß ist die Anwendung von Nachschlagewerken, die in Feuerwehrfahrzeugen vorrätig sein sollten, die Informationsbeschaffung aus **Gefahrgutdatenbanken** via Einsatzleitwagen und Leitstelle (siehe auch Kap. 2.5.2), die Heranziehung von externen Sachverständigen oder die Kontaktaufnahme mit **TUIS** (Transport-Unfall-Informations- und Hilfeleistungssystem der deutschen chemischen Industrie) möglich. Da auch die Behandlung von Vergiftungen einem ständigen Wandel unterliegt, empfiehlt sich ggf. die Kontaktaufnahme mit einer der nächstgelegenen **Vergiftungszentralen**, die 24 Stunden am Tag erreichbar sind (Adressen und Telefonnummern **siehe Anhang**).

2.5.1. Handbücher

Emergency Response Guidebook for hazardous materials incidents (deutschsprachig: **Gefahrgut-Ersteinsatz, Handbuch für Gefahrgut-Transport-Unfälle**, Dr.Ing. Nüssler, Storck-Verlag).

Das Handbuch erlaubt die Identifizierung des Stoffes anhand der U.N.-Nummer (gelbe Seiten) und weist gleichzeitig auf ein Merkblatt hin, das Hinweise zum Vorgehen gibt. Auch bei Kenntnis der chemischen Bezeichnung des Stoffes kann aus einer Liste (blaue Seiten) die Nummer des passenden Merkblatts ermittelt werden.

Die Merkblätter (Nr. 11 bis 76, orange Seiten) geben auf einer Seite Hinweise zur Gefährdung und zum geeigneten Vorgehen. Zu folgenden Punkten wird Stellung genommen: Feuer und Explosionsgefahr, Gesundheitsgefährdung und geeignete Maßnahmen bei Feuer, Leckagen und erste Hilfe.

Darüberhinaus finden sich, klassifiziert nach den U.N.-Nummern, Hinweise zu den vorsorglichen Absperr-, Warn- und Evakuierungsdistanzen in Abhängigkeit von der Größe der Leckage. Das Tabellenwerk erlaubt eine rasche Orientierung zur Abschätzung der Gefährdung und der zu treffenden Maßnahmen.

2.5.2. Gefahrgutdatenbanken

Für weitere Informationen zu Gefahrstoffen stehen öffentliche Datenbanken zur Verfügung:

GSA: Gefahrstoffschnellauskunft des Umweltbundesamtes

IGS: Informations- und Kommunikationssystem für gefährliche und umweltrelevante Stoffe des Landes NRW.

2.5.3. TUIS: Transport-Unfall-Informations- und Hilfeleistungssystem der deutschen chemischen Industrie

TUIS ist eine Einrichtung der chemischen Industrie, deren Ziel die Gefahrenbeseitigung bei Gefahrgutunfällen ist. Die Organisation unterhält bei verschiedenen chemischen Firmen Anlaufstellen, die bei Gefahrgutunfällen Auskunft und Empfehlungen geben, oder auch aktive Hilfe leisten. TUIS wird nur nach Aufforderung durch staatliche Stellen tätig (Regierungspräsidium, Polizei, Feuerwehr, Katastrophenschutz, Deutsche Bahn). Beim Tätigwerden von TUIS werden verschiedene **Stufen der Hilfeleistung** unterschieden:

- telefonische Beratung
- Beratung der Einsatzleitung der Feuerwehr an der Einsatzstelle
- Einbringen und Tätigwerden einer Werksfeuerwehr der chemischen Industrie mit Sonderausstattung

2.6. Abschätzung der Absperr-, Warn- und Evakuierungsdistanzen

Die Absperrungen sollten in einem Mindestabstand vom Schadensobjekt von 50 m aufgestellt werden. **Die Absperrdistanz ist abhängig vom freiwerdenden Stoff und von der freigesetzten Menge.** Absperrungen von einigen hundert Metern können notwendig werden.

An den abgesperrten Bereich schließt sich ein Bereich an, in dem die gefährdeten Personen vor der Gefahr gewarnt werden müssen.

Die **Warnungen und Anweisungen** erfolgen über Lautsprecher und evtl. über Rundfunkdurchsagen:

- Empfohlen wird in der Regel das Aufsuchen geschlossener Gebäude.
- Türen und Fenster sollten geschlossen bleiben.
- Klimaanlagen müssen abgeschaltet werden.
- Die oberen Stockwerke von Gebäuden bieten meist einen besseren Schutz als die unteren Geschosse.
- Ein Aufenthalt an den Fenstern, die zum Unfallort gerichtet sind, kann bei Bränden und Explosionen wegen der Einwirkung von Splittern gefährlich werden.
- Beim Fehlen von sichereren Alternativen ist der Aufenthalt in einem PKW mit geschlossenen Fenstern und Türen sicherer als der Aufenthalt im Freien.

Eine **Evakuierung** sollte wegen der erheblichen Risiken, die mit solchen Aktionen verbunden sind, nur in besonderen Fällen, bei erheblicher Brand-, Explosions- oder Vergiftungsgefahr durchgeführt werden. Evakuierungsmaßnahmen sind langwierig und ein Personenschutz durch Atemschutz ist während der Evakuierung kaum zu bewerkstelligen. Das Aufsuchen von geschlossenen Gebäuden ist i.d.R. das Vorgehen, das die größere Sicherheit bietet.

Im Einzelfall bestehen die nachfolgend beschriebenen Möglichkeiten, die notwendigen Absperr-, Warn- bzw. Evakuierungsdistanzen abzuschätzen.

2.6.1. Handbuch: Gefahrgut-Ersteinsatz (von Dr.Ing. Nüssler)

Für verschiedene Stoffe, die nach U.N.-Nummern klassifiziert sind, sind Absperr- und Warn- bzw. Sicherheitsdistanzen angegeben. Es wird jeweils unterschieden zwischen einer Freisetzung bei **kleiner Leckage** (z.B. aus einem Faß oder kleine Leckage aus einem Tank) und einer Freisetzung bei **großer Leckage** aus einem Tank oder aus vielen kleinen Behältern/Fässern. Die Absperrzone sollte dabei kreisförmig um den Unfallort angelegt werden.

Die Warn(Sicherheits)distanz wird in Windrichtung festgesetzt. Quer zur Windrichtung wird die Hälfte dieser Distanz als Warndistanz angesetzt.

Die kleinste Absperrdistanz beträgt 50 m. Die kleinste Warndistanz beträgt 300 m und die größte Warndistanz 8000 m in Windrichtung. Die angegebenen Werte stellen nur Richtwerte für eine erste vorläufige Entscheidung dar.

Luftkonzentrationsmessungen sind notwendig. Von Bedeutung für die Ausbreitung von Gasen und Dämpfen sind insbesondere auch die freigesetzte Menge, die meteorologischen Verhältnisse, sowie die baulichen oder Geländeverhältnisse. Eine Wolke aus giftigen Dämpfen kann an einer Gebäudefront vorbeiziehen oder auch zurückgehalten werden.

2.6.2. Technischer Behelf für den Schutz bei C-Ereignissen („MET": Modell für Effekte mit toxischen Gasen)

Dieses Handbuch (Hrsg: Zentralstelle für Gesamtverteidigung Bern/CH) ermöglicht eine **Abschätzung der Distanz vom Freisetzungspunkt eines gefährlichen Stoffes, bei der 10% der Menschen mit gesundheitlichen Beeinträchtigungen rechnen müssen**. Hierbei werden auch besonders empfindliche Personengruppen berücksichtigt (Kinder, ältere Menschen). Überprüft wurde das Modell an 20 Chemieunfällen.

Es handelt sich um ein Tabellenwerk, das aus Entscheidungstabellen und Distanztabellen besteht. **Die Entscheidungstabellen bestehen aus Entscheidungslinien und Punkten, an denen Fragen, die für die Gaswolken-Ausbreitung von Bedeutung sind, mit Ja/Nein beantwortet werden müssen.** Die Ausbreitung von Gaswolken wird maßgeblich durch die meteorologischen Verhältnisse mitbestimmt. Darüber hinaus ist das Vorliegen eines Brandes am Freisetzungspunkt von Bedeutung. Unterschieden werden Brände in der Umgebung des Freisetzungspunktes, die durch Wärmeabgabe auf den gefährlichen Stoff einwirken, und Brände, in denen der gefährliche Stoff unmittelbar involviert ist. Gewisse physikalische Eigenschaften des gefährlichen Stoffes sind ebenfalls für dessen Ausbreitung von Bedeutung (z.B. tiefkaltes Gas = unter Druck verflüssigtes oder gekühltes Gas).

Die Entscheidungstabellen verweisen auf die anzuwendende Distanztabelle (= Ausbreitungsklasse). Aus der freigesetzten Stoffmenge und einer Kennzahl für die Toxizität des gefährlichen Stoffes läßt sich **die toxikologisch relevante Ausbreitungsdistanz** aus dieser Tabelle ablesen. Es wird davon ausgegangen, daß der Stoff in seiner Gesamtheit und nicht kontinuierlich freigesetzt wird. Die plötzliche Freisetzung der gesamten gelagerten (oder transportierten) Stoffmenge führt zu höheren Konzentrationen als eine zeitlich gestreckte kontinuierliche Freisetzung der gleichen Stoffmenge durch eine kleinere Leckage.

Zur Abschätzung der Toxizität sind folgende **Kennzahlen in den Tabellen** vorgesehen: **IDHL-Wert** (Immediately Dangerous to Health and Life), **MAK/TLV-Werte, LC_{50}-Werte für die inhalative Aufnahme** (Mensch oder Tier), **LD_{50}-Wert für nicht-inhalative Aufnahme** (z.B. per os, Mensch oder Tier). Wenn verfügbar, sollte der IDHL-Wert bevorzugt eingesetzt werden. Bei Zwischenwerten für die freigesetzte Menge oder die Toxizitätskennzahlen muß linear (Stoffmenge) oder logarithmisch (Toxizitäts-Kennzahl) inter-

Tabelle 32: Absperr-und Warndistanzen (in Metern) für einige wichtige Stoffe
(aus Nüssler: Gefahrgutunfall-Ersteinsatz).

	Kleine Leckage		Große Leckage	
	Absperrung	Warnung	Absperrung	Warnung
Ammoniak	50	300	100	1500
Kohlenmonoxid	50	500	50	1300
Chlorwasserstoff	200	3000	400	6500
Chlor	300	5000	500	8000
Blausäure	200	3000	200	3000

poliert werden. **Für jede Ausbreitungsklasse stehen 2 Tabellen zur Verfügung: gefährdende Ausbreitungsdistanz im Freien und im Innern von Häusern.**

Praktisches Beispiel (s. Abb. 18 a/b): An einem sonnigen Sommertag gegen 15:00 werden bei einem Betriebsunfall in einem chemischen Betrieb ca. 200 kg Chlor freigesetzt. Es weht ein sehr schwacher Wind (5 km/h). In welchem Umkreis vom Schadensort muß mit einer Gesundheitsgefährdung im Freien gerechnet werden?
Die Entscheidungstabellen verweisen auf die Ausbreitungsklasse C. Da es sich bei Chlor um ein tiefkaltes Gas handelt, muß die Ausbreitungsklasse um 1 erhöht werden. Anwendung findet daher die Distanztabelle für die Ausbreitungsklasse D.
Der MAK-Wert für Chlor beträgt 0,5 ppm. Aus der Giftigkeit (MAK) und der freigesetzten Menge (200 kg) ergibt sich aus der Tabelle eine Distanz von 700 m (obere Tabelle) und 140 m (untere Tabelle). In 700 m Entfernung vom Freisetzungspunkt müssen noch 10% der Personen im Freien mit einer gesundheitlichen Beeinträchtigung rechnen. Im Innern von Häusern beträgt die entsprechende Distanz vom Freisetzungspunkt lediglich 140 m.

2.6.3. Software zur Berechnung/ Simulierung der Ausbreitung von Gasen und Dämpfen: COMPAS

Die COMPAS-Software ist ein Computerprogramm (Brenk-Systemplanung, Heider-Hof-Weg 23, 52080 Aachen), das bei der Freisetzung toxischer Stoffe die Schadstoffbelastung in der Umgebung des Freisetzungspunktes in Echtzeitanwendung simuliert **(s. Abb. 19a/b)**. Voraussetzung für die Anwendung der COMPAS-Software ist ein Prozessor Pentium 90, 32 MB Hauptspeicher, 1 GB-Festplatte und eine XGA-2-Graphikkarte; geeignetes Betriebssystem ist OS/2.

Die Dateneingabe (z.B. meteorologische Verhältnisse) kann manuell (offline) oder direkt (online) aus Meßgeräten erfolgen. Durch eine Schadstoffkonzentrationsmessung an einem definierten Ort kann die freigesetzte Stoffmenge am Freisetzungspunkt berechnet werden (schlagartige oder kontinuierliche Freisetzung). Dies ermöglicht eine **Analyse der Ist-Situation**. Aus den Eingabedaten kann die Ausbreitung des Schadstoffes berechnet und auf eine Landkarte projiziert werden. **Verschiedene Ausbreitungsmodelle** stehen zur Verfügung. Bei der Simulation auf der Grundlage eines Gauß-Paff-Modells wird ein homogenes Windfeld angenommen und orographische Einflüsse (Geländeunebenheiten) oder Gebäudeeinflüsse werden nicht berücksichtigt. In einer Programmausbaustufe (Ausbaustufe 1) findet auch der Einfluß von Geländehöhen oder Gebäudekomplexen auf die Gaswolken-Ausbreitung Berücksichtigung. In diesem Fall wird ein Partikelmodell (Lagrange-Modell) mit einer kleingeräumigeren Auflösung angewendet.

Die Simulationsergebnisse ermöglichen eine frühzeitige Erkennung von Gefahrenpunkten und entsprechende Maßnahmen der Gefahrenabwehr können getroffen werden.

Abb 18a: Darstellung der Arbeitsweise eines Computergestützten Meß-und Rechenprogramms zur Analyse von Störabläufen (COMPAS-Software)
Abb 18b: Darstellung von Konzentrationsisolinien zu definierten Zeitpunkten bei definierten meteorologischen Verhältnissen nach einem Gefahrgutunfall mit Giftstofffreisetzung im Stadtteil Köln-Ehrenfeld. Simulation mit COMPAS-Software
Abb 19a, (Seite 71)**: Ermittlung der Distanz vom Freisetzungspunkt eines giftigen Stoffes in der noch mit einer Gesundheitsgefährdung gerechnet werden muß.** Entscheidungstabelle zur Ermittlung der anzuwendenden Distanztabelle (A-G). Vertikale Skala (1–6): Weiter anzuwendende Entscheidungstabelle zur Ermittlung der richtigen **Distanztabelle (Abb. 19b)**. Quelle: Technischer Behelf für den Schutz bei C-Ereignissen, Hrsg: Zentralstelle für Gesamtverteidigung, Bern.
Abb19b, (Seite 72)**: Tabelle zur Abschätzung der Entfernung vom Freisetzungspunkt eines giftigen Stoffes in der noch mit einer Gesundheitsgefährdung gerechnet werden muß.** Quelle: Technischer Behelf für den Schutz bei C-Ereignissen, Hrsg: Zentralstelle für Gesamtverteidigung, Bern.

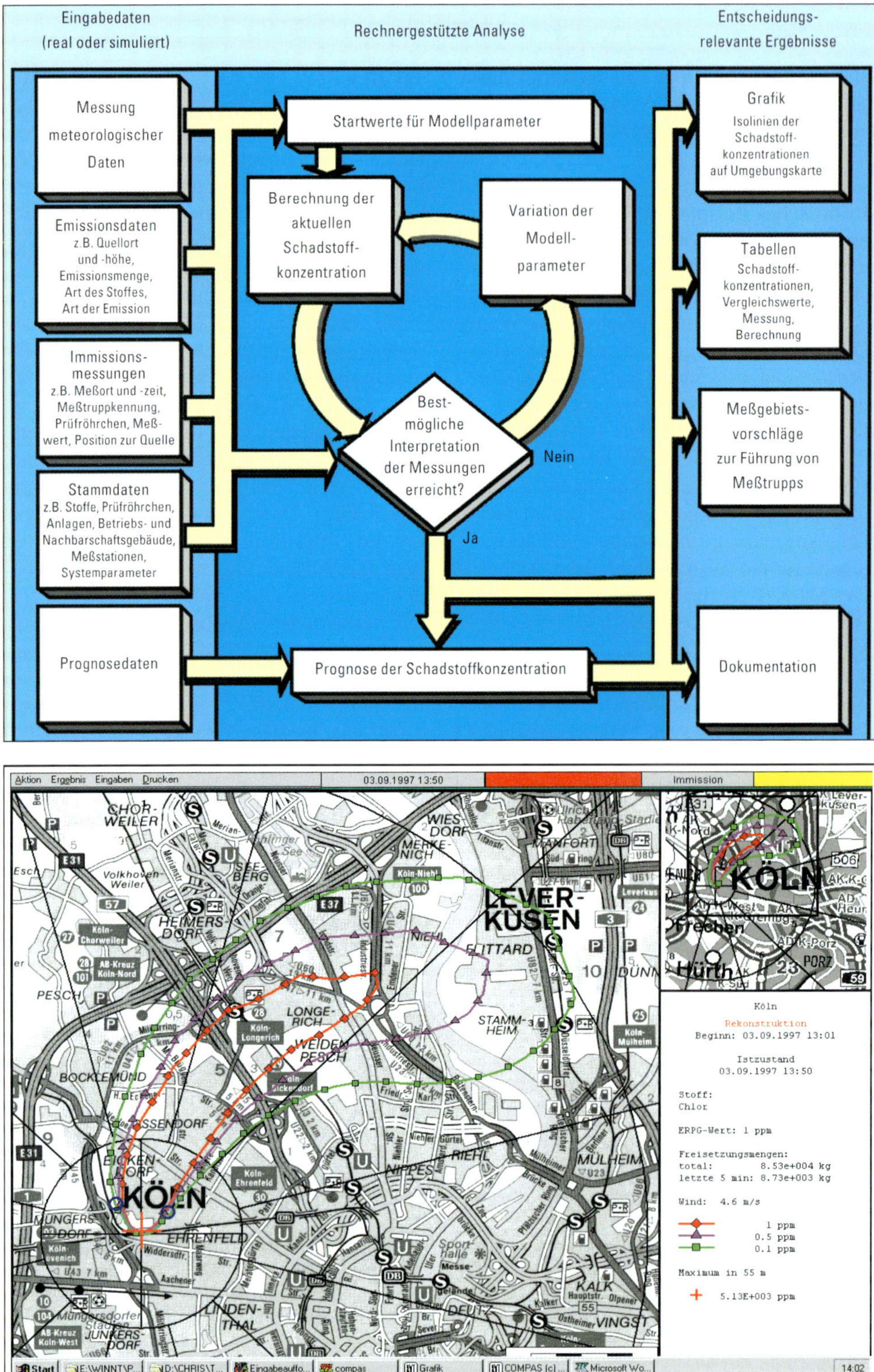

Abb 18a und b (Legende siehe Seite 69)

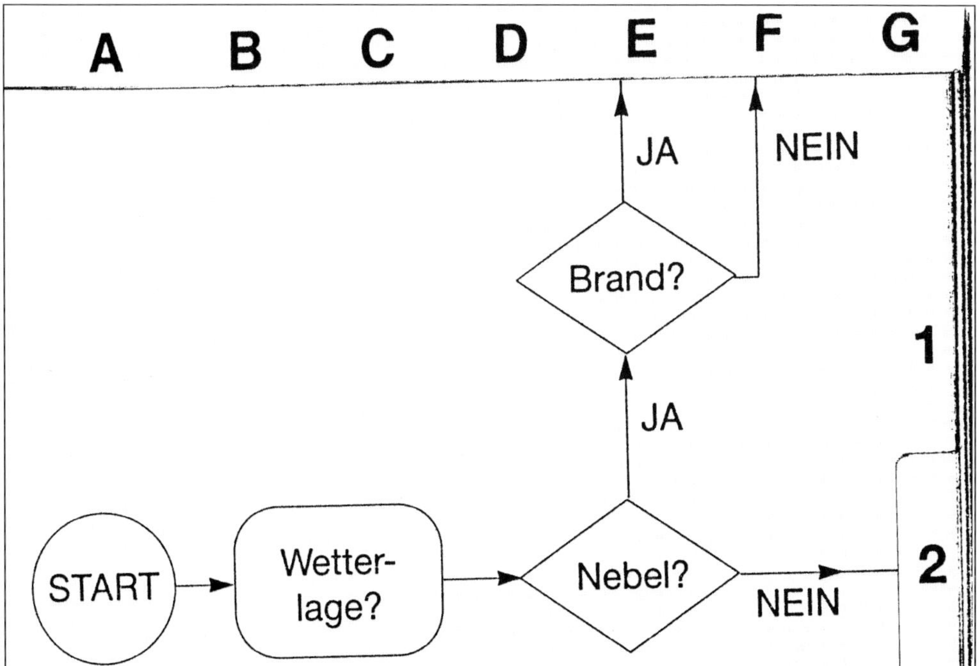

Zu beachten:

- Bei **intensivem Brand** ist die Ausbreitungsklasse um **eine zu erniedrigen**
- Bei **«tiefkalten Gasen»** ist die Ausbreitungsklasse um **eine zu erhöhen**
- Definitionen siehe Textteil

Abb 19a (Legende siehe Seite 69)

D E F G

Ausbreitungsklasse: **D** Ausbreitungswinkel: **60°**

Personen im Freien Distanzen in Meter

Freigesetzte Menge Produkt in kg	Giftigkeit/Toxizität						
	8000	1000	100	10	1	IDLH	mg/m³
	500	50	5	0,5	0,05	MAK/TLV	ppm
	12000	1300	150	15	1,5	LC_{50}	mg/m³; 30 min.
	500	50	5	0,5	0,05	LD_{50}	mg/kg
10	20	40	110	240	550		
20	20	60	140	310	700		
50	30	80	200	430	1000		
100	40	100	250	550	1250		
200	50	130	330	700	1550		
500	70	190	460	950	2100		
1'000	90	250	600	1200	2650		
2'000	110	320	750	1550	3350		
5'000	160	460	1050	2100	4550		
10'000	220	600	1350	2650	5750		
20'000	290	800	1700	3350	7250		
50'000	420	1100	2350	4500	9850		

Ausbreitungsklasse: **D** Ausbreitungswinkel: **60°**

Personen im Innern von Häusern Distanzen in Meter

Freigesetzte Menge Produkt in kg	Giftigkeit/Toxizität						
	8000	1000	100	10	1	IDLH	mg/m³
	500	50	5	0,5	0,05	MAK/TLV	ppm
	12000	1300	150	15	1,5	LC_{50}	mg/m³; 30 min.
	500	50	5	0,5	0,05	LD_{50}	mg/kg
10	20	20	20	40	110		
20	20	20	20	50	150		
50	20	20	30	70	230		
100	20	20	30	100	320		
200	20	20	50	140	460		
500	20	20	70	220	750		
1'000	30	30	90	310	1050		
2'000	30	30	130	440	1450		
5'000	30	50	220	700	2250		
10'000	30	70	320	1000	3150		
20'000	40	110	470	1400	4400		
50'000	40	190	800	2200	6750		

Abb 19b (Legende siehe Seite 69)

3. Spezielle Eigenschaften einiger wichtiger Gefahrstoffe

Bei Gefahrgutunfällen sind sowohl die chemisch-physikalischen (brandschutztechnischen) Eigenschaften, als auch die rein toxikologischen Eigenschaften des ausgemachten Stoffes oder der Zubereitung zu berücksichtigen.

Die Zugehörigkeit zu einer Gefahrenklasse erlaubt eine allgemeine Einschätzung des Gefahrenpotentials.

Die folgenden zu den einzelnen Stoffen angegebenen Kennzahlen, Abkürzungen und Schutzempfehlungen beruhen hauptsächlich auf den Angaben von *Dembeck:* Gefahren beim Umgang mit Chemikalien. Kohlhammer, Stuttgart 1997.

Tabelle 33: Möglichkeiten der Gefährdungseinschätzung aufgrund von Kennzahlen

Allgemeine Gefährdungseinschätzung	Transportklasse (VVGS, VVGE) Kemler-Zahl, R-und S Sätze
spezielle Brandschutztechnische Einschätzung	Brandklasse (DIN EN2), Gefahrklasse (VbF), Dichte, Schmelzpunkt, Siedepunkt, Flammpunkt, Zündpunkt, untere und obere Explosionsgrenze, spezielle Reaktionsfähigkeit
spezielle toxikologische Einschätzung	1. Störfallbeurteilungswerte (StBW) 2. Immediately Dangerous to Health and Life-Werte (IDHL) 3. Maximale Arbeitsplatzkonzentrationen (MAK) 4. Arbeitsplatzrichtwerte (ARW) 5. Mittlere letale Dosen und Konzentrationen (LD_{50}, LC_{50})

Tabelle 34: Abkürzungen der brandschutztechnischen und toxikologischen Kennzahlen in den Tabellen 35, 36, 38, 39, 41, 42, 43, 44, 45, 46, 47 und 48.

AgZ	Aggregatzustand
D	Dichte
rel.Gd	relative Gasdichte
Fe	Feststoff
Fl	Flüssigkeit
Flmp	Flammpunkt
G	Gas
Gef-Kl	Gefahrgutklasse (VVGS, VVGE, FwDV14)
Gef-Symb	Gefahrensymbol
Sdp	Siedepunkt
Smp	Schmelzpunkt
UEG-OEG	untere und obere Explosionsgrenze (= Zündbereich)
UN-Nr	U.N.-Nummer
VbF-Kl	Gefahrklasse nach der Verordnung über brennbare Flüssigkeiten
Zp	Zündpunkt

Das Anlegen von **Atemschutz**, und damit auch **Augenschutz**, sowie das **Tragen von Handschuhen** sollte bei Gefahrgutunfällen selbstverständlich sein.

Im Regelfall sollten **umluftunabhängige Atemschutzgeräte** Anwendung finden. Die weiteren notwendigen Schutzmaßnahmen, insbesondere die Notwendigkeit besonderer **Schutzkleidung (Chemieschutzanzug)**, sind von der Natur der Stoffe/Zubereitungen, aber auch vom Umfang der Schadenslage und der zu erwartenden Exposition abhängig (freigesetzte Mengen, Brand).

3.1. Anorganische Stoffe

3.1.1. Ätzstoffe: Starke Säuren und Laugen

Wirkmechanismus. Der **biologische Schädigungsmechanismus** von starken Säuren und Laugen besteht in einer **chemischen Denaturierung von Gewebsproteinen.** Darüberhinaus kann es durch Freisetzung von Reaktionswärme zu einer thermischen Protein-Denaturierung kommen.

Symptomatik.

Typisch für Verätzungen durch Säuren sind Koagulationsnekrosen, die ein weiteres Eindringen der Säure in tiefere Gewebsschichten verhindern. Laugen verursachen Kolliquationsnekrosen mit starker Tiefenausdehnung.

Die Schleimhäute sind glasig angeschwollen. Verätzte Hautareale sind feucht, blaß und lederartig verändert. Das Ausmaß der Schädigung ist abhängig von der Konzentration, dem pH-Wert und der Einwirkungsdauer. Die Gewebsschädigung entwickelt sich rasch innerhalb von Sekunden bis wenigen Minuten. **Verätzungen der Haut sind meist,** aber nicht immer, **schmerzhaft**. Nach Einwirkung konzentrierter Natronlauge (NaOH-Lösung, 25–50%) setzen Schmerzen rasch ein. Nach Einwirkung schwach konzentrierter Natronlauge (4%) überwiegt zunächst ein lokalanästhetischer Effekt. Schmerzen treten erst nach mehreren Stunden ein, wodurch eine rasche Therapie verzögert werden kann. **Lokale äußerliche Verätzungen** können sich als **Erythem, Blasen oder Ulzera mit Belägen** darstellen. In der Frühphase kann die Farbe des Ätzschorfs einen Hinweis auf das einwirkende Agens geben (Salpetersäure: gelb, Salzsäure: weiß, Schwefelsäure: schwarz). Nach der **Einwirkung von Laugen** sind die betroffenen **Hautareale eher feucht, blaß und lederartig** verändert.

Therapie.

Die kontaminierte Kleidung sollte entfernt und die betroffenen Hautstellen mit großen Mengen fließendem Wasser gespült werden. Neutralisationsversuche sollten unterlassen werden, da die freiwerdende Reaktionswärme zu einer weiteren thermischen Schädigung der Haut führen kann.

Das Suchen vermeintlich geeigneter Neutralisationsmittel würde darüberhinaus mit einem unnötigen Zeitverlust verbunden sein. **Das Ausmaß der Verätzung wird analog zu Verbrennungen nach der „Neuner-Regel", geschätzt.** Die **Infusionstherapie zum Ersatz von Körperflüssigkeitsverlusten** über das Wundsekret bzw. eine Ödembildung sollte gleichermaßen nach einem geläufigen Schema für Verbrennungspatienten durchgeführt werden. Eine **Schmerztherapie** sollte nach Bedarf erfolgen, in jedem Falle aber ausreichend hoch dosiert werden.

Gerade auch bei **Augenverätzungen** ist ausgiebiges Spülen mit Wasser durchzuführen. Anschließend sollte der Verletzte sofort einer augenärztlichen Untersuchung unterzogen werden, z.B. um Reste ätzender Substanzen wie Löschkalk unter den Augenlidern auszuschließen bzw. zu entfernen. Bei Verätzungen der Haut ist darauf zu achten, daß Augenverätzungen durch Spritzer als Begleitverletzungen ebenfalls vorliegen können.

Bei der **Inhalation flüchtiger Ätzstoffe** (z.B. Chlorwasserstoffdämpfe) muß mit einer **Verätzung der Atemwege** gerechnet werden.

Tabelle 35: Brandschutztechnische und toxikologische Kennzahlen einiger starker Säuren und Laugen. Verwendete Abkürzungen siehe Tabelle 34, Seite 73.

Stoff	AgZ	D	rel. Gd	Smp °C	Sdp °C	Flmp °C	Zp °C	UEG-OEG Vol%	VbF-Kl
Salzsäurelösung (38%)	Fl	1,19			110	nicht brennbar			
Salzsäuregas	G		1,3	-114	- 82-85	nicht brennbar			
Schwefelsäure	Fl	1,84		11	338 (Zersetzung)	nicht brennbar, Zersetzung mit Schadstoffen			
Schwefelsäure rauchend	Fl	1,94				heftige Reaktion mit H_2O			
Salpetersäure	Fl	1,42	2,2	-41	122	nicht brennbar, brandfördernd, Zersetzung mit Schadstoffen (NO_x)			
Flußsäure flüssig	Fl	1,24 (71-75%)	1,8	-83		nicht brennbar			
Flußsäure Gas	G/Fl	0,99	1,8	-83	20	nicht brennbar, bei Bränden HF im Brandgas			
Essigsäure	Fl	1,05	2,1	17	118	40	485	4-17	A II
Natrium-hydroxyd	Fe	2,13		322	1390	nicht brennbar, heftige explosionsartige Reaktion mit H_2O			
Natronlauge (50%)	Fl	1,48		7		nicht brennbar			
Ammoniak Lösung (25%)	Fl	0,91	0,6			Zersetzung mit Schadstoffen (NO_x)	630	15 - 28	
Ammoniak Gas	G		0,6	-78	-33		630	15 - 28	

Stoff	UN-Nr	Gef-Kl	Gef-Symb	R-Sätze	S-Sätze	MAK	StBW
Salzsäurelösung	1789	8	C	34-37	26-45	5 ppm	90 ppm
Salzsäuregas	1050	2	C	35-37	7/9-26-45	5 ppm	90 ppm
Schwefelsäure	1830/2796	8	C	35	26-30-45	1 mg/m³	
Schwefelsäure rauchend	1831	8	C	14-35-37	26-30-45		40 mg/m³
Salpetersäure	2031/2032	8	O, C	8-35	23-26-36-45	2 ppm	
Flußsäure Lösung	1790	8	T+, C	26/27/28-35	7/9-26-36/37/39	3 ppm	30 ppm
Flußsäure Gas	1052	8	T+, C	26/27/28-35	7/9-26-36/37/39	3 ppm	30 ppm
Essigsäure	2789/2790	8	C	10-35	23-26-45	10 ppm	
Natriumhydroxyd	1823	8	C	35	26-37/39-45	1 ppm	
Natronlauge	1824	8	C	35	26-37/39-45		
Ammoniak Lösung	1005/2073/2672	8	C	34-37	7-26-45	50 ppm	500 ppm
Ammoniak Gas	1005 (Fl)	2	T	10-23	7/9-16-38-45	50 ppm	500 ppm

Durch Verätzung und Schwellung des Kehlkopfeingangs kann es zu einer Verlegung der oberen Atemwege kommen. Es ist daher auf die Entwicklung eines Stridors (pfeifendes Atemgeräusch) als Leitsymptom zu achten. Der Patient muß ggf. intubiert werden – vorzugsweise zu einem Zeitpunkt, an dem eine problemlose Intubation noch möglich ist. Eine **Verätzung der tieferen Atemwege** kann einen **Bronchospasmus** auslösen. Dieser ist symptomatisch mit Bronchodilatatoren (z.B. Fenoterol Dosier-Aerosol) oder ggfl. Theophyllin i.v. oder Reproterol i.v. zu behandeln.

Nach jeder Inhalation ätzender Gase oder Dämpfe muß mit der **Entwicklung eines toxischen Lungenödems** gerechnet werden. Alle exponierten Personen müssen prophylaktisch mit einem **Glucocorticoid-Dosieraerosol** behandelt werden und sollten über 24–(36) h überwacht werden.

Bei Entwicklung eines Lungenödems ist eine systemische Glucocorticoid-Gabe indiziert. Bei respiratorischer Insuffizienz ist die Intubation und mechanische Beatmung mit PEEP (positiver endexpiratorischer Druck) indiziert.

Flußsäure (HF)

Toxikologie und Symptomatik. Flußsäure besitzt eine **starke Penetrationsfähigkeit, die in der Tiefe zu ausgeprägten Schädigungen führen kann (Muskeln, Gefäße, Knochen)**. Der oberflächliche Lokalbefund kann dabei wenig bedrohlich erscheinen, die Wunde ist im Regelfall sehr schmerzhaft. Bei Flußsäureverätzungen muß auch mit **systemischen toxischen Wirkungen durch Fluorid-Ionen** gerechnet werden. Diese äußern sich durch eine **Hypokalzämie (tetanische Krämpfe)** oder **Hyperkaliämie (EKG-Veränderungen, hohe T-Wellen, Arrhythmien). Bei Inhalation von Flußsäure-Dämpfen ist mit einem toxischen Lungenödem zu rechnen**.

Therapie. Sie besteht zunächst in reichlichem **Spülen der betroffenen Hautareale mit Wasser**. Sinnvoll ist auch – falls verfügbar – die Anwendung von Polyäthylenglykol (Roticlean®) und das Abspülen mit Wasser. Die freigesetzten Fluorid-Ionen können durch Kalzium gebunden werden. **Verätzte Hautareale sollten mit Kalziumglukonat unterspritzt werden** (10 ml einer 10% Lösung + 5 ml Xylocain® (= Lidocain) 2% zur Schmerzstillung). Bei Verätzung der distalen Extremitäten wird die intra-arterielle langsame Injektion von Kalziumglukonat empfohlen (10 ml einer 10%-Lösung, 5 – 10 ml/min).

Phosphor

Phosphor entzündet sich bei Kontakt mit Sauerstoff und Luft, **und wird in die Haut eingebrannt**. Die Therapie besteht im sofortigen **Eintauchen der betroffenen Hautstelle in Wasser**, um den Oxidationsprozeß durch Sauerstoffentzug zu unterbrechen.

Flüssiggas

Bei Hautkontakt mit Flüssiggas (z.B. flüssiger Stickstoff) **entstehen lokale Erfrierungen, die mit Verbrennungen oder Verätzungen vergleichbar sind** und evtl. einer chirurgischen Behandlung bedürfen.

3.1.2. Chlor

Physikochemische Eigenschaften. Chlor ist ein gelbgrünliches Gas, das schwerer ist als Luft. Chlor ist in Sauerstoff nicht brennbar. Ein Zündbereich, bzw. eine untere und obere Explosionsgrenze, können nicht angegeben werden. Mit Wasserstoff bildet es allerdings Chlor-Knallgas. Bei hohen Temperaturen (z.B. bei Bränden) können Chlor-haltige Behälter allerdings explosionsartig zerknallen (keine Verbrennungsexplosion, sondern Druckgefäßzerknall).

Chlor ist in Wasser nur schwer löslich (< 1 g/l Wasser). Es **reagiert mit Wasser und bildet Salzsäure, hypochlorige Säure und aktiven Sauerstoff:**

$$Cl_2 + H_2O \rightarrow HCl + HOCl$$
$$2\,Cl_2 + 2\,H_2O \rightarrow 4\,HCl + O_2$$

Chlor gilt als **wassergefährdend (WGK-Klasse 2). Bei Gefahrgutunfällen sollte durch Sperrmaßnahmen verhindert werden, daß Chlor-haltiges Wasser in die Kanalisation gelangt**. Als Bindemittel eignet sich Kalkhydrat.

Chlor besitzt einen **stechenden Geruch** (Geruchsschwelle: 0,02 – 0,1 ppm). Es reagiert mit Wasser auf Schleimhäuten und wirkt **schleimhautreizend**, aber auch **hautreizend**.

Kautelen. Der **Absperrbereich** sollte **bei einer kleinen Leckage 300 m, bei einer großen Leckage 500 m** betragen.

Bei Annäherung an eine Chlorgasquelle sollten **Atemschutz, Handschuhe** und Schutzkleidung **(Chemieschutzanzug)** getragen werden.

Tabelle 36: Brandschutztechnische und toxikologische Kennzahlen von Chlor.
Verwendete Abkürzungen siehe Tabelle 34, Seite 73.

Stoff	AgZ	rel.Gd	Smp °C	Sdp °C	Flmp °C	Zp °C	UEG-OEG Vol%
Chlor	G	2,5	-101	-34	in O_2 nicht brennbar		

Stoff	UN-Nr	Gef-Kl	Gef-Symb	R-Sätze	S-Sätze	MAK	StBW
Chlor	1017	2	T	23-36/37/38	79-45	0,5 ppm	20 ppm

Symptomatik und Therapie.

Bei einer Reizung der Konjunktiven durch Chlor, sollten die Augen mit reichlich Wasser gespült werden. Benetzte Kleidung muß entfernt und die befallenen Körperstellen ebenfalls mit reichlich Wasser gespült werden.

Bei Inhalation kann Chlor ein toxisches Lungenödem verursachen. Es wird in der toxikologischen Literatur als mäßig hydrophil mit einer Eindringtiefe bis in den Bereich der Bronchien und Bronchiolen klassifiziert. Es ist in höheren Konzentrationen aber durchaus geeignet auch eine Schädigung der Alveolen mit dem Vollbild eines toxischen Lungenödems zu verursachen.

Nach Chlorgasexposition muß daher eine **Lungenödemprophylaxe** mit einem inhalativen Glucocorticoid durchgeführt werden. Die Latenzzeit bis zum Auftreten der ersten Symptome kann 24–(36) h betragen.

Funktionell läßt sich nach Chlorgasinhalation meist eine **obstruktive Ventilationsstörung** durch Bronchospasmus, aber auch restriktive Ventilationsstörungen und Diffusionsstörungen nachweisen. Besonders empfindlich reagieren Patienten mit vorbestehenden asthmoiden Beschwerden.
Die **Langzeitfolgen** nach einer akuten Chlorgasexposition sind nur schwer zu beurteilen, da sicheres Erkenntnismaterial fehlt. Aus Kasuistiken ist zu entnehmen, daß es in vielen Fällen zu einer vollständigen Erholung der Verletzten kommt. Aber auch ein Persistieren von obstruktiven Ventilationsstörungen, sowie eine Hyperreagibilität des Bronchialsystems, wurden beschrieben.

Logistische Aspekte. Bei Unfällen mit Freisetzung von Chlor muß teilweise mit erheblichen logistischen Problemen gerechnet werden. Felleiter et al. (1994) berichten über einen Betriebsunfall in einem Galvanikbetrieb, bei dem versehentlich Natronbleichlauge in einen Salzsäuretank gefüllt wurde. Chlorgas wurde nach einer Explosion, die den Füllungsstutzen zerriß, freigesetzt. Die von der Feuerwehr gemessene Chlorgaskonzentration in der unmittelbaren Nachbarschaft des Tanks betrug 200 ppm. 380 Personen befanden sich zum

Tabelle 37: Chlor-Konzentration und biologische Wirkung

Konzentration	Wirkung
0,5 ppm	maximale Arbeitsplatzkonzentration (MAK)
1,0 ppm	Schleimhautreizung
3 – 6 ppm	starke Schleimhautreizung, Husten, Atemnot
5 – 15 ppm	chemische Pneumonie, Lungenödem
> 50 ppm	Lungenödem, Laryngospasmus
1000 ppm	sofort tödlich

Zeitpunkt des Unglücks auf dem Firmengelände. Über 200 Personen wurden untersucht und prophylaktisch behandelt, und 39 Personen wurden stationär in Krankenhäuser eingewiesen. Ein Teil der Belegschaft hatte sich nach der Explosion vom Firmengelände entfernt. Zur Verteilung der Verletzten auf mehrere, auch weiter entfernte Krankenhäuser, wurde u.a. ein Großraumrettungshubschrauber der Bundeswehr eingesetzt. Exponierte Personen ohne Symptome wurden nach ärztlicher Untersuchung über die bestehende Gefahr aufgeklärt, mit einem Auxiloson®-Dosieraerosol ausgestattet und zunächst an einer Sammelstelle für 2 h vor Entlassung beobachtet. Zur Kontaktaufnahme und Warnung von exponierten Personen, die das Gelände selbständig verlassen hatten, wurden Durchsagen über Rundfunkstationen durchgeführt. Darüberhinaus wurde nach Ermittlung aus den Personalunterlagen der Firma versucht mit den Betreffenden telefonisch Kontakt aufzunehmen.

3.1.3. Blausäure

Anwendungsgebiete. Blausäure (HCN) wird als **sehr wirksames Entwesungsmittel** auf Schiffen oder in Gebäuden verwendet. Blausäure und seine leicht wasserlöslichen Salze (Natrium- und Kaliumcyanid) finden **außerdem Anwendung in der metallverarbeitenden Industrie**. Cyanid entsteht im Organismus auch aus **Acetonitril**, das als **Lösungsmittel und Laufmittel** für die Hochdruckflüssigkeitschromatographie Anwendung findet. Acetonitril ist in den USA auch in kosmetischen Präparaten enthalten, die zur Lösung künstlicher Fingernägel dienen.

Symptomatik und Therapie.

Blausäure wird über die Lunge rasch resorbiert und kann innerhalb von Sekunden bis Minuten zu Vergiftungserscheinungen führen. In der Literatur beschriebene „Sekundentodesfälle" dürften allerdings sehr selten sein. Nach Ingestion von Alkalisalzen der Blausäure wird im Magen Blausäure freigesetzt. Vergiftungserscheinungen können nach wenigen Minuten eintreten.

Nach Ingestion von Glykosiden oder Acetonitril, die Cyanid erst nach Metabolisierung freisetzen, kann bis zum Auftreten von Symptomen eine **längere Latenzzeit** vergehen (3 – 4 bis 12 h nach Acetonitril-Ingestion). **Der Mechanismus, die Symptomatik und die Therapie einer Cyanidvergiftung wird ausführlich im Kapitel Brandgase, II. 2. 4. Blausäure, besprochen.** An dieser Stelle soll nur darauf hingewiesen werden, daß bei einer reinen Cyanidintoxikation der Methämoglobinbildner **Dimethylparaaminophenol (DMAP)** in einer Dosierung von 3 – 4 mg/kg (beim Erwachsenen: 250 mg = 1 Amp.) zu **verabreichen** ist. Die Metabolisierung von Cyanid zu Rhodanid wird durch Gabe von Natriumthiosulfat beschleunigt. Die alleinige **Natriumthiosulfat-Gabe** ist nur bei leichten Intoxikationen ausreichend.

Tabelle 38: Brandschutztechnische und toxikologische Kennzahlen von Blausäure.
Verwendete Abkürzungen siehe Tabelle 34, Seite 73.

Stoff	AgZ	D	rel. Gd	Smp °C	Sdp °C	Flmp °C	Zp °C	UEG-OEG Vol%
Blausäure	Fl	0,69	0,9	– 13	26	< – 20	535	5,4 – 46,6

Stoff	UN-Nr	Gef-Kl	Gef-Symb	R-Sätze	S-Sätze	MAK	StBW
Blausäure	1051/1613/1614	6. 1	F+, T+	12-26	7/9-16-36/37-38-45	10 ppm	35 ppm

Tabelle 39: Brandschutztechnische und toxikologische Kennzahlen von Schwefelwasserstoff.
Verwendete Abkürzungen siehe Tabelle 34, Seite 73.

Stoff	AgZ	D	Smp °C	Sdp °C	Flmp °C	Zp °C	UEG-OEG Vol%
Schwefelwasserstoff	G	1,2	- 86	- 60		270	4,3 - 45,5

Stoff	UN-Nr	Gef-Kl	Gef-Symb	R-Sätze	S-Sätze	MAK	StBW
Schwefelwasserstoff	1053	2	F+, T+	12-26	7/9-16-45	20 ppm	300 ppm

3.1.4. Schwefelwasserstoff

Physikochemische und toxikologische Eigenschaften.

Schwefelwasserstoff (H_2S) ist **ein farbloses Gas, das nach faulen Eiern riecht**. Es entsteht natürlicherweise durch Fäulnis und Verwesung. Schwefelwasserstoff kommt vor in Abwasserkanälen, Abwassertanks und Jauchegruben. Es wird auch freigesetzt in Schwefelminen, bei der Verarbeitung von schwefelhaltigen Erzen, sowie in der Viskose- und Zellstoffindustrie. Schwefelwasserstoff ist außerdem enthalten in Schwefelheilbädern und Vulkangasen. **Schwefelwasserstoff ist schwerer als Luft.** Die Geruchsschwelle beträgt 0,025 – 1 ppm. Bei höheren Konzentrationen geht der Geruchssinn allerdings verloren. Es ist brennbar und dabei entsteht das Reizgas Schwefeldioxid.

Schwefelwasserstoff ist stark giftig. Es ist lipophil und permeiert biologische Membranen. Es wird über den Respirationstrakt resorbiert und besitzt darüber hinaus eine schleimhautreizende Wirkung.

Eine Resorption über die Haut spielt praktisch keine Rolle. In einer Schwefelwasserstoff-haltigen Umgebung ist daher **Atemschutz erforderlich**.

Schwefelwasserstoff ist eine schwache Säure und liegt bei physiologischem pH zu 2/3 als Sulfhydrilion (HS^-) vor. Das Sulfhydrilion wird wie das Cyanidion, allerdings mit geringerer Affinität, an Methämoglobin gebunden (Sulfmethämoglobinbildung). Die Elimination von Schwefelwasserstoff erfolgt nach Metabolisierung zu Sulfit und Sulfat.

Die Toxizität von Schwefelwasserstoff wurde auf eine Blockade der Cytochromoxidasen der Atmungskette, vergleichbar dem Mechanismus von Cyanid, zurückgeführt. Schwefelwasserstoff besitzt aber auch weitere potentiell toxische Wirkungen (z.B. Verstärkung inhibitorischer Systeme im Nervensystem, Inhibition der Monoaminooxidase MAO). Der Mechanismus, über den Schwefelwasserstoff seine toxischen Wirkungen entfaltet, ist letztlich ungeklärt.

Symptomatik. Schwefelwasserstoff verursacht:

- schon bei geringen Konzentrationen eine **Reizung der Atemwege** und eine Stimulierung und Vertiefung der Atmung (10–50 ppm),
- bei anhaltender Einwirkung kann sich eine **Pneumonie** und ein **Lungenödem** entwickeln (200 ppm),
- bei höheren Konzentrationen kommt es zum **Bewußtseinsverlust** und zur **Atemdepression** (500 ppm),

Tabelle 40: Schwefelwasserstoff-Konzentrationen und Wirkungen.

Konzentration	Wirkung
10 – 50 ppm	Reizung der Konjunktiven und Atemwege
200 ppm	starke Reizung der Atemwege, Lungenödem
1000 ppm	Krämpfe, Tod in wenigen Minuten

- bei sehr hohen Konzentrationen kommt es rasch zu **Krämpfen, Bewußtseinsverlust mit nachfolgender Atemdepression und Todeseintritt** in wenigen Minuten (1000 ppm).

Therapie. Nach Bergung aus dem Gefahrenbereich sollte der Verletzte mit **100% O_2** beatmet werden. Zur Prophylaxe eines Lungenödems ist ein **Glucocorticoid-Dosieraerosol** indiziert. Die Wirksamkeit einer Antidot-Behandlung mit Methämoglobinbildnern, wie bei einer Cyanidintoxikation, ist umstritten (ggfl. DMAP: 3–4 mg/kg i.v.).

3.1.5. Schwefelkohlenstoff

Physikochemische und toxikologische Eigenschaften.

Schwefelkohlenstoff (C_2S) ist eine Flüssigkeit, die **als Lösungsmittel in der Industrie große Bedeutung besitzt.** Durch Verunreinigungen besitzt Schwefelkohlenstoff einen unangenehmen Geruch. Es ist leicht flüchtig und brennbar. Seine Dämpfe sind schwerer als Luft. Schwefelkohlenstoff ist mit Wasser nicht mischbar und besitzt eine größere Dichte als Wasser. Brennender Schwefelkohlenstoff kann daher mit Wasser, das über der brennenden Flüssigkeit eine trennende Schicht bildet, gelöscht werden.

Schwefelkohlenstoff ist giftig. Es wird sowohl über die Lungen als auch über die Haut resorbiert. Auf Haut und Schleimhäute wirkt es stark reizend. Bei Gefahrgutunfällen mit Schwefelkohlenstoff ist neben Atemschutz auch Schutzkleidung zu tragen.

Symptomatik. **Hautkontakt** mit Schwefelkohlenstoff **verursacht Entzündungen bis zu Blasenbildungen** vergleichbar einer Verbrennung 2. Grades. Bei Inhalation von Dämpfen muß mit einer **entsprechenden Wirkung auf die Schleimhäute des Respirationstraktes** gerechnet werden. **Bei Bränden entsteht aus Schwefelkohlenstoff auch Schwefeldioxid, das ebenfalls ein toxisches Lungenödem verursachen kann.**

Schwefelkohlenstoff wirkt **nach Resorption narkotisch**. Als erstes Anzeichen entwickelt sich ein Rauschzustand mit **Schwindel, Kopfschmerzen**, der in **Bewußtlosigkeit mit Atemdepression** übergeht. Schwefelkohlenstoff inhibiert darüberhinaus verschiedene Enzymsysteme, die u.a. für den Fremdstoff- und Arzneimittelmetabolismus von Bedeutung sind. Nach Einwirkung von Schwefelkohlenstoff muß daher zeitweilig mit Alkoholunverträglichkeit („Antabussyndrom") gerechnet werden.

3.2. Organische Stoffe

Gemeinsam ist vielen Kohlenwasserstoffen die **Lipidlöslichkeit** und einige **toxikologische Eigenschaften**. Sie werden **über die Schleimhäute und auch über die Haut resorbiert**. Sie wirken in unterschiedlichem Umfang schleimhautreizend. Bei Inhalation hoher Dampfkonzentrationen kann eine **toxische Pneumonitis** und ein **Lungenödem** entstehen (z.B. bei der Inhalation von Benzindämpfen). **Lipophile Kohlenwasserstoffe wirken narkotisch.** Die Inhalation führt zunächst zu einem Rauschzustand und bei Inhalation höherer Konzentrationen zur **ZNS-**

Tabelle 41: Brandschutztechnische und toxikologische Kennzahlen von Schwefelkohlenstoff.
Verwendete Abkürzungen siehe Tabelle 34, Seite 73.

Stoff	AgZ	D	rel. Gd	Smp °C	Sdp °C	Flmp °C	Zp °C	UEG-OEG Vol%	VbF-Kl
Schwefelkohlenstoff	Fl	1,26	2,6	–112	46	–30	102	1–60	A I

Stoff	UN-Nr	Gef-Kl	Gef-Symb	R-Sätze	S-Sätze	MAK	StBW
Schwefelkohlenstoff	1131	3	F, T	11-36/38-48/23-62-63	16-33-36/37-45	10	500

Depression und zum **Atemstillstand**. Die **narkotische Potenz** nimmt unter analogen Stoffen in der folgenden Reihenfolge zu: Alkane < Alkanole < Alkanoläther < halogenierte Alkane. Die ZNS-Depression wird teilweise als das Leitsymptom der Lösungsmittel-Intoxikation dargestellt. Dies trifft für einige Vertreter der Lösungsmittel zu (Trichlorethylen, Perchlorethylen, Methylenchlorid = Dichlormethan). Bei gewissen Stoffen sind zentralnervöse Wirkungen nur flüchtig und leicht ausgeprägt. Im Vordergrund des klinischen Bildes steht die **Schädigung der parenchymatösen Organe Leber und Niere** (z.B. Tetrachlorkohlenstoff, Tetrachlorethan). Diese Organtoxizität resultiert in diesen Fällen aus der Metabolisierung der entsprechenden Stoffe mit Bildung reaktiver und toxischer Metabolite.

3.2.1. Mineralölprodukte: Benzin, Dieselöl, Heizöl, Schmieröl

Physikochemische Eigenschaften.

Erdöl besteht hauptsächlich aus gesättigten Kohlenwasserstoffen. Die genaue Zusammensetzung des Rohöls ist stark von seiner Herkunft abhängig. Die Aufarbeitung des Erdöls erfolgt durch Destillation. Dabei entstehen verschiedene Fraktionen, die sich durch ihren Siedepunkt, sowie auch weitere brandschutztechnisch wichtige Kennzahlen, unterscheiden.

Petroläther (= Gasolin) (Sdp: 40 – 70°C, Flmp < –20°C, Gefahrklasse VbF: A1). Diese Fraktion besteht hauptsächlich aus Pentan und Hexan. Es findet u.a. Anwendung als Wundbenzin und Fleckenwasser.

Leichtbenzin (Sdp 70 – 110°C, Flmp < –20°C, Gefahrklasse VbF: A1). Es beinhaltet einen hohen Anteil an Octan. Leichtbenzin wird hauptsächlich als Treibstoff für Verbrennungsmotoren verwendet (Ottokraftstoff).

Dieselöl, Heizöl (auch als Gasöle bezeichnet, Sdp 300 – 350°C, Flmp > 55°C, Gefahrklasse VbF: A3). Es kann davon ausgegangen werden, daß in unseren Breitengraden eine Erwärmung über 55°C durch Sonneneinstrahlung nicht stattfindet. Ein Überschreiten des Flammpunktes, d.h. Brandgefahr, ist daher nur bei künstlicher Erwärmung von Dieselöl oder Heizöl zu erwarten. Der Zusatz von nur wenigen % Leichtbenzin zu Dieselöl erniedrigt den Flammpunkt des Gemisches aber erheblich. Hierdurch kann eine Flüssigkeit der Gefahrklasse A1 (VbF) entstehen.

Schmieröle: Sdp > 350°C, Flmp > 100°C. Sie fallen nicht mehr unter die VbF.

Petrolether, Ottokraftstoff, Dieselöl und Heizöl sind alle leichter als Wasser (Dichte < 1). Wasser kann daher zum Löschen eines Brandes *nicht* angewendet werden. **Als Löschmittel geeignet sind Schaum, Pulver oder Kohlendioxid.**

Toxikologie. Flüssige aliphatische Kohlenwasserstoffe (Pentan, Hexan, Heptan, Octan) werden über den Magen-Darm-Trakt und die Lungen, aber auch in geringerem Maße über die Haut resorbiert. Die inhalierte Menge ist für eine gegebene Temperatur umso größer, je höher der Dampfdruck, d.h. je niedriger der Siedepunkt. Die flüchtigen Alkane werden über die Lungen auch eliminiert. Einige Alkane werden allerdings auch zu toxikologisch relevanten Metaboliten verstoffwechselt. So wird n-Hexan zu 2,5-Hexandion, das neurotoxisch wirkt, metabolisiert.

Tabelle 42: Brandschutztechnische und toxikologische Kennzahlen von Mineralölprodukten.
Verwendete Abkürzungen siehe Tabelle 34, Seite 73.

Stoff	AgZ	D	rel. Gd	Sdp °C	Flmp °C	Zp °C	UEG-OEG Vol%	VbF-Kl	UN-Nr	Gef-Kl
Petrolether (Gasolin)	Fl	> 0,65	2,8	> 25	< – 20	280	1,2 – 7,5	A I	1271	3
Ottokraftstoff	Fl	0,7	3,2	> 65	< – 20	220	0,7 – 8,0	A I	1203	3
Heizöl, Dieselöl	Fl	0,84	7,0	> 155	> 55	220	0,6 – 6,5	A III	1202	3

Tabelle 43: Brandschutztechnische und toxikologische Kennzahlen einiger technischer Gase.
Verwendete Abkürzungen siehe Tabelle 34, Seite 73.

Stoff	AgZ	D	rel. Gd	Smp °C	Sdp °C	Flmp °C	Zp °C	UEG-OEG Vol%
Methan	G		0,6	-182	-161		595	5,0 - 15,0
Propan	G		1,6	-188	-42	< -42	470	2,1 - 9,5
n-Butan	G		2,1	-138	-1	-60	365	1,5 - 8,5
Propan/Butan-Gemisch	G/Fl	0,5	1,6				400	1,5–10

Stoff	UN-Nr	Gef-Kl	Gef-Symb	R-Sätze	S-Sätze	MAK
Methan	1971/1972	2	F+	12	9-16-33	
Propan	1978	2	F+	12	9-16-33	1000 ppm
Butan	1011	2	F+	12	9-16-33	1000 ppm

Die systemische Toxizität von aliphatischen Kohlenwasserstoffen ist geringer als die der aromatischen Kohlenwasserstoffe. Technische Erzeugnisse enthalten jedoch nicht nur aliphatische Kohlenwasserstoffe, sondern auch Aromate und sonstige Stoffe (Ottokraftstoff: Benzol, Methanol, ggf. Tetraäthylblei). Bei Bränden ist selbstverständlich mit den Produkten einer unvollständigen Oxidation von Kohlenwasserstoffen zu rechnen (Kohlenmonoxid-Intoxikationsgefahr).

Symptomatik. Dämpfe von flüssigen Kohlenwasserstoffen reizen die Schleimhäute. Durch Benzindämpfe kommt es zu einer **Konjunktivitis, Bronchitis** und bei massiver Inhalation zur Ausbildung eines **toxischen Lungenödems** („Benzinpneumonie"). Kohlenwasserstoffe wirken nach systemischer Resorption toxischer Dosen **narkotisch (Leichtbenzin:** Dosis letalis: 2–3 ml i.v.; **20–50 ml p.o. verursachen eine schwere Intoxikation**). Bei bleihaltigem Benzin trägt auch das **Bleitetraäthyl** zur ZNS-Wirksamkeit des Benzins wesentlich bei. Es kommt zu **Kopfschmerzen, Schwindel, Euphorie, Ataxie**, evtl. zur Auslösung von Krämpfen, gefolgt von **Bewußtlosigkeit und Atemdepression**. Durch Kohlenwasserstoffe kommt es zu einer **Sensibilisierung des Myokards auf Katecholamine** mit einer entsprechenden **Neigung zu Herzrhythmusstörungen**. Diese können durch eine bestehende Hypoxie verstärkt werden. Nieren- und Leberschäden, auch verursacht durch Begleitstoffe, können nach einer Intoxikation mit Benzin auftreten. Bei Resorption größerer Mengen ist der Gehalt an Bleitetraäthyl, Nickeltetracarbonyl, Benzol und Methanol (bis zu 20%) zu berücksichtigen.

3.2.2. Technische Gase: Erdgas (Methan), Stadtgas, Propan, Butan

Physikochemische Eigenschaften.
Methan entsteht beim Verfaulen von organischem Material („Sumpfgas"). Es bildet den **Hauptbestandteil von Erdgas**. Es ist farb- und geruchlos. Daher wird Methan ein **Geruchsstoff zur Warnung zugesetzt**.

Propan wird durch Destillation von Erdöl gewonnen. Propan ist ein **Flüssiggas**. Bei Raumtemperatur und einem Druck von 25 bar liegt es als Flüssigkeit vor. Propan-Flüssiggasflaschen verschiedener Größe sind weit verbreitet. Von ihnen geht **Explosionsgefahr** aus.

Auch **Butan** ist ein Flüssiggas. Es **wird im Gemisch mit Propan verwendet**. Wegen unterschiedlicher Siedepunkte kann es zur Entmischung der 2 Stoffe kommen. Bei niedrigen Temperaturen kann eine vermeintlich leere Butanflasche noch Butan als Flüssigkeit enthalten, das bei Erwärmung wieder in den gasförmigen Zustand übergeht und bei offenem Flaschenventil ausströmt.

Methan, Propan und Butan sind brennbar und bei einer Durchmischung dieser Gase mit Luft ist mit explosionsfähigen Gemischen zu rechnen.

Toxikologie.

Methan, Propan und Butan besitzen keine toxische Eigenwirkung, d.h. sie sind eigentlich ungiftig. Durch Verdrängung von O_2 können diese Gase allerdings erstickend wirken.

Bei Anwesenheit von Methan, Propan oder Butan in der Umgebungsluft ist daher zur Sicherstellung einer ausreichenden O_2-Menge in der Einatmungsluft **umluftunabhängiger Atemschutz** zu tragen. **Bei Bränden von Methan, Propan oder Butan ist auch immer mit der Entstehung von Kohlenmonoxid in toxischen Konzentrationen zu rechnen.**

Stadtgas (= Leuchtgas) wird durch Trockendestillation von Kohle gewonnen. Stadtgas **enthält hauptsächlich Wasserstoff** (ca. 50%) **und Methan** (20–30%), sowie in geringeren Mengen weitere Bestandteile (Stickstoff, Kohlenmonoxid, Kohlendioxid, Schwefelwasserstoff, usw.). Stadtgas ist halb so schwer wie Luft. Es ist farblos, aber besitzt in Abhängigkeit der Zusammensetzung einen typischen Geruch. Die Hauptbestandteile Wasserstoff und Methan sind erstickend, aber nicht giftig. Weitere Bestandteile können aber in geringer Menge deutlich giftig wirken (z.B. **Kohlenmonoxid**). **Echtes Stadtgas muß daher als giftig eingestuft werden.** Die Gasversorgung erfolgt heutzutage hauptsächlich mit Erdgas, und nicht mit „echtem Stadtgas".

3.2.3. Acetylen

Physikochemische Eigenschaften.

Acetylen ist farblos und geruchlos. Es ist **leichter als Luft**. Durch Verunreinigungen der technischen Erzeugnisse entstehen olfaktorisch erkennbare Zubereitungen. Acetylen ist in Druckflaschen, die ein poröses Gerüst aus Kieselgur und Aceton enthalten unter Druck (12–15 bar) gelöst. Es ist in einem weiten Konzentrationsbereich in Luft brennbar (Zündbereich: 1,5–82%). Bei ausströmendem Acetylen ist mit Explosionsgefahr zu rechnen.

Acetylen zersetzt sich bei höheren Temperaturen. Acetylenflaschen sind nach Erwärmung (z.B. in einem Brandherd), wegen der noch andauernden chemischen Zersetzung, über mindestens 24 h zu kühlen, da auch nach dem Abkühlen zunächst weiterhin die Gefahr eines Behälterzerknalls besteht. Sie sind im Anschluß an eine sachkundige Person abzugeben.

Toxikologie. **Acetylen wirkt narkotisch.** Es ist geeignet Bewußtseinsstörungen mit **Atemdepression** zu verursachen. Beim Verbrennen von Acetylen entsteht als Produkt der unvollständigen Verbrennung auch Kohlenmonoxid. Bei Gefahrgutunfällen mit Acetylen dürften die Gefahren hauptsächlich von der Brand- und Explosionsgefahr ausgehen.

3.2.4. Aromatische Kohlenwasserstoffe Benzol, Phenol und Derivate

Physikochemische und toxikologische Eigenschaften.

Benzol wird durch trockene Destillation von Steinkohle gewonnen. Die technischen Zubereitungen enthalten auch Phenol, Xylol und Toluol als Verunreinigungen. **Toluol** (Methylbenzol) **und Xylol** (Dimethylbenzol) **sind von ihrer akuten Toxizität ähnlich zu beur-**

Tabelle 44: Brandschutztechnische Kennzahlen von Acetylen.
Verwendete Abkürzungen siehe Tabelle 34, Seite 73.

Stoff	AgZ	rel.Gd	Smp °C	Sdp °C	Flmp °C	Zp °C	UEG-OEG Vol%
Acetylen	G	0,9		-84	--	305	1,5–82

Stoff	UN-Nr	Gef-Kl	Gef-Symb	R-Sätze	S-Sätze	
Acetylen	1001	2	F+	5-6-12	9-16-33	

Tabelle 45: Brandschutztechnische und toxikologische Kennzahlen von Benzol und einigen Derivaten.
Verwendete Abkürzungen siehe Tabelle 34, Seite 73.

Stoff	AgZ	D	rel. Gd	Smp °C	Sdp °C	Flmp °C	Zp °C	UEG-OEG Vol%	VbF-Kl
Benzol	Fl	0,88	2,7	6	80	–11	555	1,2–8	A I
Toluol	Fl	0,87	3,2	–95	111	4–6	535	1,2–7	A I
Phenol	Fe	1,07	3,2	41	180–182	79	605	1,7–8,6	A III
Anilin	Fl	1,02	3,2	–6	184	76	530–630	1,2–11	A III
Nitrobenzol	Fl	1,20	4,3	6	211	88	480	1,8–40	A III
Chlorbenzol	Fl	1,11	3,9	–45	132	28-29	590	1,3–11	A II

Stoff	UN-Nr	Gef-Kl	Gef-Symb	R-Sätze	S-Sätze	MAK	StBW
Benzol	1114	3	F, T	45-11-48/23/24/25	53-45		500 ppm
Toluol	1294	3	F, Xn	11-20	16-25-29-33	50 ppm	
Phenol	1671/2312/2821	6.1	T	24/25-34	28-45	5 ppm	
Anilin	1547	6.1	T	20/21/22-40-48/23/24/25	28-36/37-45	2 ppm	
Nitrobenzol	1662	6.1	T+	26/27/28-33	28-36/37-45	1 ppm	
Chlorbenzol	1134	3	Xn	10-20	24/25	10 ppm	

teilen, aber weniger toxisch. Ähnlich einzuschätzen sind auch Mesitylol (Trimethylbenzol), Cumol (Isopropylbenzol), Cymol (Methylisopropylbenzol), Styrol (Vinylbenzol, Ausgangssubstanz von Polystyrol). Zu den Phenolderivaten gehören Kresole (Methylphenole), Xylenole (Dimethylphenole), Thymole (Isopropylmethylphenole), Chlorphenole (z.B. Pentachlorphenol) oder zweiwertige Phenole (z.B. Brenzkatechin, Resorcinol). Aus chlorierten Benzol- oder Phenolderivaten (z.B. PCB) können durch **Zersetzungsreaktionen** auch **Dioxine** entstehen, die eigene toxische Wirkungen besitzen (Chlorakne, neurologische Symptome, Leberfunktionsstörungen). **Benzol und seine Derivate werden sowohl über die Lunge als auch über die Haut gut resorbiert.** Bei kondensierten Aromaten (z.B. Naphtalen) erfolgt die Resorption über die Haut wesentlich langsamer und ist meist nicht bedeutsam.

Die **Elimination von Benzol und seinen Derivaten** erfolgt z.T. über die Lungen oder nach Metabolisierung über die Nieren. Die Elimination von Benzol erfolgt zu 30–50% über die Lungen. Etwa 50% der inkorporierten Dosis wird metabolisiert. Benzol wird hauptsächlich zu Phenol metabolisiert, und dieses weiter an Glucuronsäure oder Schwefelsäure konjugiert. Toluol wird nur zu einem geringeren Teil wieder pulmonal eliminiert. Der größte Teil einer inkorporierten Toluol-Dosis (ca. 80%) wird durch Hydroxylierung an der Methylgruppe metabolisiert und weiter mit Glycin oder Glucuronsäure konjugiert. Hierdurch unterscheidet sich die Metabolisierung von Toluol (bzw. anderen Alkylbenzolen) von der Metabolisierung von Benzol. Ein nur geringerer Teil von Toluol wird direkt am Ring unter Entstehung von Kresol hydroxyliert.

Symptomatik. Benzol und seine Derivate **wirken auf die Haut und auf die Schleimhäute reizend bis ätzend**.

Bei Gefahrgutunfällen mit Benzol (oder seinen Derivaten) ist daher Atemschutz und Ganzkörperschutz (CSA) zu tragen.

Bei massiver Inhalation besteht immer die **Gefahr der Entwicklung eines Lungenödems**. Bei **Einwirkung von Phenol** auf die Haut kommt es (in Abhängigkeit der Konzentration) typischerweise zu einer **weißlichen Verfärbung**. Die Farbe verändert sich im Laufe der Zeit ins rot-bräunliche. Die anfangs schmerzhaften Hautstellen werden anästhetisch. Durch Gefäßschädigungen in der Tiefe kann es zu **Durchblutungsstörungen bis zur Nekrosenbildung** kommen („Phenolgangrän").

Tabelle 46: Brandschutztechnische und toxikologische Kennzahlen einiger halogenierter Kohlenwasserstoffe. Verwendete Abkürzungen siehe Tabelle 34, Seite 73.

Stoff	AgZ	rel.Gd	rel GD	Smp °C	Sdp °C	Zp °C	UEG-OEG Vol%
Trichlormethan	Fl	1,49	4,2	−64	61		
Tetrachlormethan	Fl	1,59	5,3	−23	77		
Trichlorethylen	Fl	1,46	4,5	−73	87	410	7,9 − 90

Stoff	UN-Nr	Gef-Kl	Gef-Symb	R-Sätze	S-Sätze	MAK
Trichlormethan	1888	6.1.	Xn	22-38-40-48/20/22	36/37	10 ppm
Tetrachlormethan	1846	6.1.	T, N	23/24/25-40-48/23-59	23-36/37-45-59-61	10 ppm
Trichlorethylen	1710	6.1.	Xn	40	23-36/37	50 ppm

Benzol, Phenol und ihre Derivate wirken **nach systemischer Resorption narkotisch** (Benzol: Dosis letalis p.o. 10 – 30 ml, per inhalationem: 20.000 ppm über 5 – 10 min). Es kommt zunächst zu einem **Rausch, der von Euphorie, Kopfschmerzen, Schwindel und Übelkeit/Erbrechen begleitet sein kann** (Inhalation von Benzol > 1000 ml/m^3 in der Atemluft über 0,5 h, Ingestion von 0,5 ml/kg). Bei Einwirkung höherer Dampfkonzentrationen kommt es zur **ZNS-Depression mit Bewußtlosigkeit und Atemdepression**.

Im Verlauf einer systemischen **Phenolintoxikation** kommt es zu **Nierenfunktionsstörungen** mit Urinverfärbung (grün, braun). **Chlorierte Phenolderivate** wirken **hepatotoxisch**.

Bei chronischer Exposition kommt es durch **Benzol** zur Knochenmarksdepression mit Ausbildung einer **aplastischen Anämie** oder **Panzytopenie**. Benzol fördert darüberhinaus die Entstehung von **Leukosen**. Durch Methylderivate von Benzol (Toluol), die einer unterschiedlichen Metabolisierung unterliegen, werden Knochenmarksschädigungen nicht ausgelöst. Toluol ist auch nicht kanzerogen.

Therapie. Nach Einwirkung von Benzol oder seinen Derivaten ist **benetzte Kleidung** zu entfernen und die betroffenen **Hautstellen** sind mit reichlich Wasser und Seife zu **spülen**.

Nach Einwirkung auf die Haut oder Inhalation von Dämpfen sind die Verletzten in Hinblick auf die Entwicklung eines Lungenödems oder systemischer Intoxikationssymptome zu beobachten.

Bei bewußtlosen Personen mit respiratorischer und kardiozirkulatorischer Insuffizienz sind Maßnahmen zur Erhaltung der Vitalfunktionen unter Beachtung des Selbsschutzes zu treffen.

Methämoglobinbildner: Anilin, Nitrobenzol

Toxikologie und Symptomatik. Anilin dient zur Synthese von Farbstoffen und Arzneimitteln. Anilinfarbstoffe enthalten i.d.R kein freies Anilin. Anilin (Dosis letalis: 4 – 25 ml) und Nitrobenzol, sowie Derivate dieser Substanzen, werden zu Phenylhydroxylaminen und Nitrosoverbindungen metabolisiert. Sie induzieren eine Methämoglobinämie und eine Hämolyse. Es entwickelt sich eine Zyanose, anfangs ohne wesentliche Dyspnoe (Kohlendioxid wird weiterhin pulmonal eliminiert). Im weiteren Verlauf kann es zu einer Reizung der Harnwege mit Hämaturie kommen. Störungen der Leberfunktion können vorkommen (Xylidin = Dimethylanilin). Bei Resorption sehr hoher Anilin-Dosen kommt es zur Atemdepression mit raschem Todeseintritt.

Auch durch mehrwertige Phenole kann eine Hämolyse und Methämoglobinämie induziert werden. Akut bedrohlich ist ein Anteil von Met-Hb > 40%.

Therapie. Die Therapie besteht in der Gabe eines Redoxfarbstoffs als Antidot: Toluidinblau (2 – 4 mg/kg i.v.) oder Methylenblau (1 – 2 mg/kg i.v.). Ascorbinsäure (1000 mg i.v.) kann als Adjuvans appliziert werden.

Darüberhinaus sollten alle Maßnahmen getroffen werden, um eine weitere Resorption des Stoffes zu verhindern (z.B. Abwaschen kontaminierter Hautareale).

3.2.5. Halogenierte Kohlenwasserstoffe

Physikochemische und toxikologische Eigenschaften.
Halogenierte aliphatische Kohlenwasserstoffe werden über den Magen-Darm-Trakt, den Respirationstrakt (besonders bei hoher Flüchtigkeit) und über die Haut resorbiert.

Neben Atemschutz sollte Schutzkleidung getragen werden.

Symptomatik. Bei längerer epikutaner Einwirkung können **Entzündungserscheinungen an der Haut** hervorgerufen werden.Aus der Resorption toxischer Dosen resultiert eine **narkotische Wirkung**. Die Elimination erfolgt z.T. durch Exhalation über die Lungen, z.T. durch Biotransformation. Dabei können Metabolite entstehen, die für die spezielle Toxizität einzelner Verbindungen verantwortlich sind (insbesondere **Hepato- und Nephrotoxizität**).

Ein **hepatorenales Syndrom** entwickelt sich **nach einer Latenzzeit (1 – 3 Tage)**, evtl. auch ohne vorangehendes narkotisches Stadium (z.B. bei Tetrachlorkohlenstoff-Intoxikationen). Es kommt zu Übelkeit/Erbrechen, Bauchschmerzen mit Koliken, Druckschmerzhaftigkeit der Leber. Als Ausdruck der Nierenschädigung entwickelt sich eine Albuminurie, Hämaturie, Oligurie bis Anurie. Leber- oder Nierenversagen mit tödlichem Ausgang sind möglich.

Trichlormethan (Chloroform)

Trichlormethan (Dosis letalis 10 – 30 ml p.o.) ist eine nicht brennbare Flüssigkeit, die sich allerdings in Anwesenheit von Wasser zu Phosgen und Salzsäure zersetzen kann.Es findet als **Lösungsmittel** und zur weiteren Verarbeitung **in der chemischen Industrie** Anwendung. Als Narkotikum ist es heute obsolet.

Chloroform wird rasch über die Lungen resorbiert. Auch die Elimination erfolgt größtenteils unverändert über die Lungen. Es wirkt konzentrationsabhängig reizend auf die Schleimhäute. Chloroform **wirkt narkotisch**. Bei Einatmung von Chloroformdämpfen tritt rasch **Bewußtlosigkeit** ein. Darüberhinaus wirkt es negativ inotrop und fördert die Entstehung von **Herzrhythmusstörungen**. Durch Vasodilatation kommt es zu einem **Blutdruckabfall**. Chloroform kann ein hepatorenales Syndrom auslösen.

Bei Gefahrgutunfällen muß auch mit dem Auftreten von Phosgen und Salzsäure gerechnet werden, die ein toxisches Lungenödem verursachen können.

Tetrachlorkohlenstoff

Es findet als Lösungs- und Reinigungsmittel Anwendung. Tetrachlorkohlenstoff (Dosis letalis 4 ml p.o.) ist nicht brennbar. Durch seine „antikatalytische Wirkung" fand es in Feuerlöschmitteln Anwendung (Halon-Löschmittel). Tetrachlorkohlenstoff ist **stark lebertoxisch**.

Trichlorethylen („Tri")

Angewendet wird es als **Reinigungsmittel in Kleiderreinigungsbetrieben**.

Beim Erhitzen wird aus Trichlorethylen Phosgen, Chlorwasserstoff und Kohlenmonoxid freigesetzt. Im alkalischen Medium wird aus Trichlorethylen Chlorwasserstoff und **Dichloracetylen (DCA)** gebildet. Dichloracetylen ist **stark neurotoxisch** und führt zu Hirnnervendegenerationen.

Besonders betroffen ist der Nervus trigeminus. Dichloracetylen wirkt auch **kanzerogen**.

Trichlorethylen wird rasch über die Lungen resorbiert. Es wird zu ca. 60% verstoffwechselt. Es wird zu Trichlorethanol (TCE), das ZNS-wirksam ist, und zu Trichloressigsäure (TCA) metabolisiert. Trichlorethanol ist sedativ/hypnotisch wirksam. Trichloressigsäure besitzt eine wesentlich längere Halbwertszeit. Es ist stark an Plasmaproteine gebunden und kann durch Verdrängung von Pharmaka aus der Proteinbindung die Wirkung anderer Arzneimittel beeinflussen (Antikoagulantien, Antikonvulsiva). **Trichlorethylen-Inhalation führt zu einem Rauschzustand** und in höherer Konzentration induziert es eine **Narkose**. Es besitzt eine höhere narkotische Potenz als Chloroform, ist aber weniger hepato- und nephrotoxisch.

3.2.6. Alkohole

Physikochemische und toxikologische Eigenschaften.

Zu den Alkoholen zählen Methanol, Ethanol, Propanole, Butanole, Pentanole (Amylalkohol) oder auch ungesättigte aliphatische Alkohole (Allylalkohol = Prop-2-en-1-ol).

Alkohole wirken reizend auf Schleimhäute. **Nach Inhalation von Allylalkoholdämpfen kann ein Lungenödem auftreten.** Nach Resorption toxischer Dosen ist der Verlauf vergleichbar dem Verlauf einer Ethanolintoxikation. **Alkohole wirken narkotisch.** Die narkotische Potenz nimmt mit steigender Kohlenstoffzahl zu.

Methanol wird über den Magen-Darm-Trakt und den Respirationstrakt, aber nur wenig über die Haut resorbiert. Dennoch wird bei Methanol das Tragen spezieller Schutzkleidung empfohlen. Die **lokale Reizwirkung auf Schleimhäute** ist stärker ausgeprägt als bei Ethanol. Die **narkotische Potenz ist geringer als bei Ethanol**. Nach Resorption toxischer Dosen kommt es zu einem Rauschzustand, der schwächer ausgeprägt ist als nach Ethanolingestion (geringere narkotische Potenz), dafür aber über längere Zeit anhält.

Die **besondere Toxizität** von Methanol ist auf deren Giftung **(Biotransformation in Formaldehyd und Ameisensäure)** zurückzuführen. Nach einer Latenzzeit von 12 – 24 h kommt es zu einem Retinaödem mit **Sehstörungen** (Nebelbildung), die nach Stunden bis Tagen bei typischer Optikusdegeneration in eine dauerhafte Erblindung übergehen können. **Erblindungsgefahr** besteht schon nach Resorption von 4 – 15 ml Methanol (Dosis letalis: 30 – 100 ml). Zusätzlich kommt es nach Resorption systemisch toxischer Dosen von Methanol zur Ausbildung einer massiven metabolischen Azidose.

Bei einigen Vertretern der Alkohole kann es auch zu **Hämolysen, Leber- und Nierenfunktionsstörungen** kommen **(Amyl-, Allylalkohol, Isopropylalkohol)**.

3.2.7. Äther

Physikochemische und toxikologische Eigenschaften.

Zur Gruppe der Äther gehören Diäthyläther, aber auch chlorierte Äther (Speziallösungsmittel) oder zyklische Äther (Tetrahydrofuran, Dioxan). **Diäthyläther** ist eine farblose Flüssigkeit und stark flüchtig. Diäthylätherdämpfe sind schwerer als Luft. Der Geruch ist charakteristisch. Der Flammpunkt liegt bei –20°C. Die Brand-und Explosionsgefahr ist erheblich.

Tabelle 47: Brandschutztechnische und toxikologische Kennzahlen von Methanol und Ethanol.
Verwendete Abkürzungen siehe Tabelle 34, Seite 73.

Stoff	AgZ	D	rel. Gd	Smp °C	Sdp °C	Flmp °C	Zp °C	UEG-OEG Vol%	VbF-Kl
Methanol	Fl	0,79	1,1	–98	65	11	455	5,5–44	B
Ethanol	Fl	0,79	1,6	–114	78	12 – 14	425	3,5–15	B

Stoff	UN-Nr	Gef-Kl	Gef-Symb	R-Sätze	S-Sätze	MAK
Methanol	1230	3	F, T	11-23/25	7-16-24-45	200 ppm
Ethanol	1170		F	11	7-16	

Tabelle 48: Brandschutztechnische und toxikologische Kennzahlen von Diäthyläther.
Verwendete Abkürzungen siehe Tabelle 34, Seite 73.

Stoff	AgZ	D	rel. Gd	Smp °C	Sdp °C	Flmp °C	Zp °C	UEG-OEG Vol%	VbF-Kl
Diäthyläther	Fl	0,71	2,6	–116	35	–40	170	1,7–48	A I

Stoff	UN-Nr	Gef-Kl	Gef-Symb	R-Sätze	S-Sätze	MAK
Diäthyläther	1155	3	F+	12-19	9-16-29-33	400 ppm

Die **Resorption** von Äthern erfolgt **über die Lunge** aber **auch über die Haut**. Äther wirken **schleimhautreizend** und können **Konjunktivitis** und **Bronchitis** verursachen. **Diäthyläther wirkt nach Resorption systemisch toxischer Dosen narkotisch.**

Chlorierte Äther sind geeignet nach Inhalation ein **Lungenödem** zu induzieren. Sie wirken außerdem **stark hautschädigend**. Chlorierte Äther sind **teilweise kanzerogen**.

3.2.8. Insektizide: Organophosphate und Carbamate

Insektizide vom Organophosphat- oder Carbamat-Typ können sowohl bei Gefahrgutunfällen freigesetzt werden als auch bei der Versorgung von Patienten, die in suizidaler Absicht einen dieser Stoffe eingenommen haben, zu einer erheblichen Gefährdung der Einsatzkräfte führen.

Pharmakokinetik und Toxikologie. Insektizide vom Organophosphat- oder Carbamat-Typ werden **sowohl inhalativ als auch dermal gut resorbiert**. Sie inhibieren die Cholinesterase, die an cholinergen Synapsen den Überträgerstoff Acetylcholin hydrolysiert und inaktiviert. Zu den cholinergen Synapsen gehören die neuromuskulären Endplatten, die Synapsen der vegetativen Ganglien und die parasympathischen Nervenendigungen an den Erfolgsorganen. Darüberhinaus finden sich cholinerge Synapsen im ZNS. Die Inhibition der Cholinesterase bewirkt somit eine Kumulation von Acetylcholin in den synaptischen Spalten und Symptome einer **endogenen Acetylcholin-Intoxikation**.

Die **Inaktivierung der Cholinesterase** erfolgt durch kovalente Bindung: Es entstehen phosphorylierte bzw. carbamylierte Enzymkomplexe, die durch Abspaltung der entsprechenden chemischen Gruppen nur sehr langsam reaktiviert werden. Die **Hemmung der Cholinesterase durch Carbamate** kann als **reversibel** angesehen werden. Die zeitliche Dauer der Cholinesterase-Inhibition beträgt einige Stunden. **Durch Alkylphosphate wird die Cholinesterase praktisch irreversibel**

Tabelle 49: Symptome einer Intoxikation mit Cholinesterase-Inhibitoren

Wirkungsort	Symptomatik
Muskarinartige Rezeptoren	Miosis, Hypersalivation, Bradykardie, Hypotonie, Bronchokonstriktion + Hypersekretion, Diarrhoe, Übelkeit, Erbrechen, Bauchkrämpfe
Nikotinartige Rezeptoren	Skelettmuskulatur: Faszikulationen, Muskelschwäche, Lähmungen, Areflexie
Zentrales Nervensystem	Erregung, Desorientierung, verwaschene Sprache, Epileptische Anfälle, Stupor, Koma, Atemstillstand

blockiert. Die zeitliche Dauer der Inhibition beträgt Tage bis Wochen und wird erst durch Neusynthese von Cholinesterase beseitigt.

Klinische Symptomatik. (s. a. Tab. 49) Die Symptomatik einer Organophosphat-Intoxikation wird initial durch eine **cholinerge Krise** bestimmt. Die akute Bedrohung resultiert hauptsächlich aus einer **respiratorischen Insuffizienz als Folge einer zentralen und peripheren Atemlähmung** bei zusätzlicher Bronchokonstriktion und starker Bronchialsekretion. Die Patienten sind durch respiratorische Insuffizienz aufgrund der peripheren Lähmung der Atemmuskulatur vital gefährdet und müssen ggfl. beatmet werden. Die **Cholinesterase-Aktivität** (Butyrylcholinesterase im Serum, Acetylcholinesterase-Aktivität in den Erythrozyten) **ist erniedrigt**. Die Aktivität der Acetylcholinesterase in den Erythrozyten soll mit der Acetylcholinesterase-Aktivität in cholinergen Synapsen eine bessere Korellation aufweisen. Dennoch ist die Korrelation zwischen gemessener Cholinesterase-Aktivität und klinischem Zustand unbefriedigend. Die Laborwerte dürfen zur Beurteilung des Verlaufs nur im Zusammenhang mit dem klinischen Zustand bewertet werden.

Nach Überwindung der cholinergen Krise entwickelt sich nach ca. 24–96 h ein **„intermediäres Syndrom"**. Dieses ist gekennzeichnet durch **Lähmungen der proximalen Extremitätenmuskulatur, der Nackenbeuger, der Muskulatur im Versorgungsbereich einzelner Hirnnerven und der Atemmuskulatur**. Sensible Ausfälle gehören nicht zum intermediären Syndrom.

Nach 2–3 Wochen kann sich nach Intoxikationen mit bestimmten Organophosphaten eine **verzögerte Neuropathie** entwickeln.

Rettung und Erstversorgung. Der Patient sollte unter Beachtung des Selbstschutzes zunächst aus dem Gefahrenbereich entfernt und dekontaminiert werden. Durchtränkte Kleidungsstücke sollten entfernt und der Patient mit Wasser und Seife gewaschen werden.

Viele Insektizid-Zubereitungen besitzen stark schleimhautreizende Eigenschaften. Bei oraler Aufnahme muß daher im Mund-Rachenbereich mit Entzündungen und ödematösen Verquellungen, die eine Intubation erschweren können, gerechnet werden. Die Indikation zur frühzeitigen Intubation ist daher großzügig zu stellen. Schleimhautreizende Substanzen sind prinzipiell auch geeignet die Atemwege zu schädigen. Bei Inhalation von Dämpfen ist in unklaren Situationen eine Lungenödem-Prophylaxe mit Auxiloson®-Dosieraerosol zu empfehlen.

Nach Ingestion von Insektiziden kann bereits präklinisch versucht werden, den Mageninhalt über eine Magensonde abzusaugen. Zur primären Detoxikation ist dann die Instillation von Aktivkohle indiziert.

Therapie. Neben unspezifischen Maßnahmen zur Erhaltung oder Wiederherstellung der Vitalfunktionen, besteht die **medikamentöse Therapie** in der Gabe von **Atropin, Diazepam** und eines **Oxims**. Die Wirkung von Acetylcholin an muskarinergen Synapsen, d.h. im ZNS und an den parasympathischen Erfolgsorganen, kann durch **Atropin** inhibiert werden. Initial sollte eine **Testdosis von 1-2-4 mg Atropin i.v.** verabreicht werden (Kinder: 0,01–0,02 mg/kg). Bei intravenöser Applikation setzt die Wirkung von Atropin innerhalb von 1 min ein und erreicht innerhalb von 6 Minuten ihr Maximum. **Bis zum Auftreten von Atropinisierungszeichen (Tachykardie, trockener Mund) werden alle 10–15 min 2–5 mg Atropin i.v. verabreicht** (Kinder: 0,02–0,05 mg/kg i.v.). Als Alternative zur wiederholten fraktionierten Atropin-Gabe kann eine Dauerinfusion mit 0,02–0,08 mg/kg KG/h appliziert werden. Die Herzfrequenz sollte über 90/min liegen. Eine Steuerung der Atropingabe sollte sich *nicht* an der Pupillengröße orientieren, da nach lokaler Einwirkung von Organophosphat-Dämpfen eine systemische Atropin-Gabe nicht geeignet ist eine Mydriasis zu verursachen. In Abhängigkeit von der Schwere der Intoxikation, muß die Atropin-Medikation über mehrere Tage fortgeführt werden. Teilweise sind ungewöhnlich hohe Atropin-Dosen notwendig (mehrere 100 mg Atropin/Tag).

Zur **Behandlung einer zentralen Übererregbarkeit** und bei Krämpfen ist die **Gabe eines Benzodiazepins** (z.B. Diazepam) indiziert. Nach Organophosphat-Intoxikationen werden im Tierversuch morphologische Läsionen im ZNS beobachtet. Möglicherweise handelt es sich um ischämisch-hypoxische Schäden als Folge der Krampfaktivität. Durch Benzodiazepine wird die Entstehung dieser Läsionen verhindert. Benzodiazepine sollten nicht nur bei manifesten epileptiformen Krämpfen, sondern auch bei Unruhe des Vergifteten verabreicht werden. Neuroleptika oder Antihistaminika sollten bei Organophosphat-Intoxikationen nicht angewendet werden.

Nach Organophosphatvergiftungen können zur Reaktivierung von phosphorylierten Cholinesterase(ChE)-Komplexen Oxime eingesetzt werden. Die phosphorylierten Cholinesterasen werden vom Oxim am Phosphor elektrophil angegriffen, dephosphoryliert und damit reaktiviert. Es entsteht ein Phosphoryloxim, das unter Bildung eines Phosphorsäurederivats und eines Nitrils zerfällt **(s. Abb. 20)**. Nach der sogenannten „Alterung" des phosphorylierten ChE-Komplexes, d.h. nach spontaner Abspaltung einer Alkylgruppe, ist eine Reaktivierung nicht mehr möglich. Die Geschwindigkeit des „Alterungsprozesses" ist vom Organophosphat abhängig und sehr unterschiedlich. Die Oxim-Gabe sollte daher nach Stellung der Indikation so rasch wie möglich erfolgen. Neben der Reaktivierung der Cholinesterasen könnten sich weitere „direkte Effekte" von Oximen günstig auf den Verlauf von Organophosphat-Vergiftungen auswirken. In-vitro Versuche belegen die Reaktivierung von Cholinesterasen durch Oxime. Auch im Tierversuch haben sich Oxime bei Organophosphat-Intoxikationen als wirksam erwiesen. **Die klinische Wirksamkeit einer Oxim-Therapie am Menschen ist bisher allerdings nicht nachgewiesen und wird sehr unterschiedlich beurteilt.**

Im angelsächsischen Raum wird Pralidoxim (PAM), in Deutschland **Obidoxim (Toxogonin®)** bevorzugt. Obidoxim soll wirksamer als Pralidoxim sein, dafür besitzt es hepatotoxische Eigenschaften. **Obidoxim wird initial in einer Dosierung von 3–5 mg/kg (250 mg = 1 Ampulle Toxogonin®) i.v. verabreicht.** Zwei Repetitionsdosen im Abstand von mindestens 2 h dürfen verabreicht werden. Dieses Dosierungsschema wird von einigen Autoren auf der Grundlage von toxikokinetischen Erwägungen bestritten. Nach In-

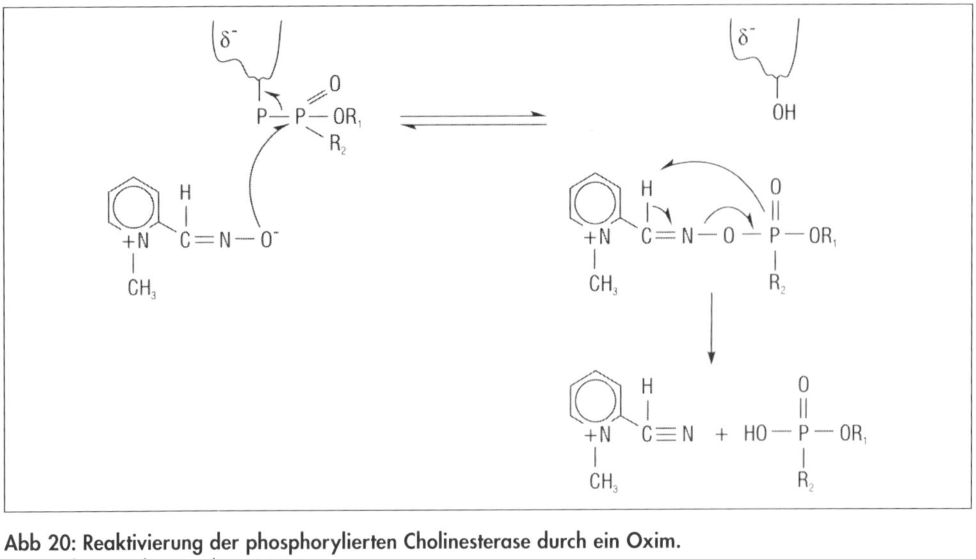

Abb 20: Reaktivierung der phosphorylierten Cholinesterase durch ein Oxim.
Aus: Dekant und Vamvakas (1994)

jektion von 5 mg/kg KG Obidoxim i.m. wird eine ausreichende Serum-Konzentration von 4 µg/ml nach 5 min für 2–3 h erreicht (*Dawson*, 1994). Es wurde eine Fortführung der Obidoxim-Gabe über 4–5 Tage mit einer Dosierung von 250 mg/d empfohlen. Nach einer initialen Gabe von 250 mg Obidoxim i.v. ist auch eine Dauerinfusion mit 750 mg/d empfohlen worden, um ausreichende Obidoxim-Konzentrationen im Serum aufrechtzuerhalten.

Die Gabe von Obidoxim ist bei Carbamat-Intoxikationen *kontraindiziert*. Es wurde nachgewiesen, daß die Symptomatik einer Carbaryl-Vergiftung durch Obidoxim verschlechtert wird.

Bei Intoxikationen mit Carbamaten wird in den USA die Gabe von Pralidoxim kontrovers diskutiert. Für Pralidoxim wird eine initiale Dosierung von 1–2 g empfohlen. Die Pralidoxim-Konzentration im Serum sollte um therapeutisch wirksam zu sein den Wert von 4 µg/ml überschreiten. Bei Gabe von 1,0 g Pralidoxim-Chlorid i.m. soll die Konzentration im Serum nach 5–10 min 4 µg/ml übersteigen und nach 1–2 h diesen Wert wieder unterschreiten (*Dawson*, 1994). Bei schweren Vergiftungen wird ein initialer Bolus von 30 mg/kg empfohlen. Repetitive Gaben im Abstand von 4–6 h können verabreicht werden. Ein Dosierungsschema auf der Grundlage pharmakokinetischer Berechnungen besteht in der Gabe von 400 mg Pralidoxim-Methylsulphate i.v. als Bolus (Ladedosis: 4,24 mg/kg KG), gefolgt von einer Dauerinfusion von 200 mg/h (Erhaltungsdosis: 2,14 mg/kg KG/h; *Willems*, 1996). Bei klinischer Besserung und Anstieg der Cholinesterase-Aktivität nach 6–12 h wird die Pralidoxim-Infusion abgebrochen. Tritt nach 12–24 h keine Besserung ein, wird die Infusionsrate von 200 mg/h auf 400 mg/h erhöht. Falls innerhalb von 24 h keine Besserung eintritt, wird die Infusion abgebrochen und Pralidoxim in einer Dosierung von 2 x 400 mg/d i.v. appliziert. Bei Anstieg der Cholinesterase-Aktivität wird die Pralidoxim-Gabe als Dauerinfusion fortgesetzt.

Zur sekundären Entgiftung bei Organophosphat-Intoxikationen wurden **extrakorporale Eliminationsverfahren** angewendet. Die durch Hämoperfusion eliminierbaren Organophosphat-Mengen sind allerdings sehr niedrig, so daß dieses Verfahren nicht empfohlen werden kann.

Besonderheiten der Versorgung in geschlossenen Räumen. Obwohl bei suizidalen Intoxikationen die freigesetzten Mengen (offene Behälter, durch Verschütten) meist gering sind, kann es in einem geschlossenen Raum zu einer erheblichen Gefährdung der Rettungsdienstangehörigen kommen.

Durch Öffnen der Fenster ist für eine **ausreichende Frischluftzufuhr** zu sorgen. Beim Arbeiten am liegenden Patienten im Knien **sollte der Kontakt mit Flüssigkeiten, Erbrochenem oder Sekret vermieden werden**. Der Boden in der unmittelbaren Umgebung des Patienten sollte ggfl. mit Decken oder Tüchern trockengelegt werden. **In Zweifelsfällen sollte Atemschutz angelegt** werden.

Inwieweit die im Rettungsdienst übliche Schutzkleidung bei Kontakt mit Alkylphosphaten ausreichenden Schutz bietet, ist fraglich. Chemieschutzanzüge und Preßluftatmer bieten sicheren Schutz. Die ABC-Schutzmasken der Bundeswehr, die auch von anderen staatlichen Organisationen (z.B. Polizei) vorrätig gehalten werden, bieten ebenfalls einen ausreichenden Schutz gegen die Inhalation von Insektiziden.

Fallbeispiel. Nick et al. (1997) berichten über die Behandlung eines mit Propoxur-intoxikierten Patienten, der in einer Wohnung aufgefunden wurde. Die Umgebung des Patienten war mit Sekret und Erbrochenem kontaminiert. Die im Raum Anwesenden berichteten über Brennen und Kribbeln der Haut. Ein früh eingetroffener Rettungssanitäter entwickelte Kopfschmerzen, Schwindel, Übelkeit und Sehstörungen und mußte wegen einer leichten inhalativen Insektizid-Intoxikation behandelt werden.

Transport der intoxikierten Person. Vor dem Transport ist eine **ausreichende Dekontamination** von Patienten wünschenswert. Da eine Dekontamination bewußtloser und beatmeter Patienten beim Fehlen entsprechender Möglichkeiten schwierig ist, wird eine Kontamination des Rettungsmittels nicht immer vermeidbar sein. Der Transport von möglicherweise kontaminierten Patienten mit

Hubschraubern ist ungünstig, da während des Fluges eine ausreichende Zuglüftung nicht gewährleistet werden kann. Darüberhinaus muß mit dem Ausfall dieses Rettungsmittels bis zum Abschluß seiner Dekontamination gerechnet werden. **Bodengebundene Rettungsmittel (RTW)** sollten daher bevorzugt werden. Bei der Begleitung eines kontaminierten Patienten im RTW sollte ggfl. zum Selbstschutz eine ABC-Schutzmaske getragen werden. Bei der **Auswahl der Zielklinik** müssen die **technischen Möglichkeiten für eine Dekontamination** (Duschwanne für beatmete Patienten) im voraus abgeklärt werden. Der Patient sollte auch erst nach Absprache mit dem verantwortlichen aufnehmenden Klinikarzt vom Rettungsmittel in das Krankenhausgebäude transportiert werden.

Teil IV

Chemische Kampfstoffe

1. Klassifizierung

Die Klassifizierung chemischer Kampfstoffe erfolgte im I. Weltkrieg nach **Farbkreuzen:**

- **Blaukreuzgruppe:** Nasen-Rachen-Reizstoffe (Clark I, II, III);
- **Grünkreuzgruppe:** Lungenkampfstoffe und
- **Gelbkreuzgruppe:** Hautkampfstoffe.

Derzeit sind die Bezeichnungen der U.S.-Streitkräfte mittels eines Buchstaben-Codes üblich.

Aus toxikologischer Sicht ist eine Einteilung aufgrund der Zielorgane am geläufigsten: Augenreizstoffe, Nasen-Rachen-Reizstoffe, Hautkampfstoffe, Nervenkampfstoffe, Psychokampfstoffe und Stoffwechselgifte. Am bedeutsamsten sind vermutlich die Organophosphate, die Loste und ggfl. die Cyanide. Organophosphate und Cyanide sind Kampfstoffe mit raschem Wirkungseintritt. Loste sind Kampfstoffe, deren Wirkung mit einer Latenzzeit von mehreren Stunden eintritt.

2. Allgemeine Eigenschaften

2.1. Physikalisch-chemische Eigenschaften

Sättigungskonzentration. Die meisten chemischen Kampfstoffe liegen bei üblichen Umgebungstemperaturen im flüssigen Zustand vor. Als Sättigungskonzentration (mg/l) (= Flüchtigkeit) bezeichnet man die maximale Stoffmenge, die bei definierter Temperatur in

Tabelle 50: Buchstabencode der U.S.-Streitkräfte für Kampfstoffe

Kampfstoffklasse	Kampfstoff	US-Code
Nervenkampfstoffe	Sarin	GB
	Tabun	GA
	Soman	GD
	VX	VX
Hautkampfstoffe	S-Lost	HD
	N-Loste	HN
	Lewisit	L
	Phenylarsindichlorid	PD
	Äthylarsindichlorid	ED
	Methylarsindichlorid	MD
	Phosgenoxim	CX
Stoffwechselgifte	Blausäure	AC
	Chlorcyan	CK
Augenreizstoffe	Chloracetophenon	CN
	o-Chlorbenzylidenmalodinitril	CS
Nasen-Rachen-Reizstoffe	Diphenylarsinchlorid	DA
	Diphenylarsincyanid	DC
	Phenarsazinchlorid	DM
Lungenkampfstoffe	Phosgen	CG
	Diphosgen	DP
	Chlorpikrin	PS
Psychokampfstoffe	Chinuclidinyl-benzilat	BZ

einer Volumeneinheit Dampf enthalten ist. Die Sättigungskonzentration ist vom Dampfdruck abhängig, und umso größer je niedriger der Siedepunkt.

Sättigungskonzentration =
$$(M \cdot 273 \cdot P \cdot 1000)/(22{,}4 \cdot (273 + t) \cdot 760)$$

M: Molekülmasse (g); P: Dampfdruck (mm Hg), t: Temperatur (°C)

Die Konzentrationen, die beim Einsatz von Kampfstoffen im Freien erreicht werden, liegen unter der theoretischen Sättigungskonzentration.

Seßhaftigkeit. Als Seßhaftigkeit wird nach Leitner das Verhältnis der Verdampfungsgeschwindigkeit eines Stoffes im Vergleich zur Verdampfungsgeschwindigkeit von Wasser definiert. Die Seßhaftigkeit ist umso geringer, je höher der Dampfdruck bei einer vorgegebenen Temperatur, d.h. je niedriger der Siedepunkt ist. Kampfstoffe mit einem Siedepunkt unter 130°C werden üblicherweise als nicht seßhaft bezeichnet.

Seßhaftigkeit
$$S = VH_2O/Vx = \qquad S = \frac{P_{H_2O}}{Px} \cdot \sqrt{\frac{M_{H_2O} \cdot tx}{Mx \cdot t_{H_2O}}}$$

V: Verdampfungsgeschwindigkeit des Wassers (H_2O) oder des Kampfstoffs (X); P: Dampfdruck; M: Molekulargewicht; t: Temperatur

Unter dem Begriff der Seßhaftigkeit wird praktisch auch die Zeitspanne verstanden, während der das Gelände mit einem Kampfstoff in gesundheitsgefährdender Menge kontaminiert bleibt. Die Seßhaftigkeit ist von den chemisch-physikalischen Eigenschaften des Kampfstoffs, aber auch von den meteorologischen Verhältnissen abhängig.

Thermische und chemische Beständigkeit. Die **thermische Beständigkeit** ist zur Beurteilung der Beständigkeit bei Detonationen oder bei der Anwendung von Schwelkörpern von Bedeutung. Die Beständigkeit gegen Wasser (Hydrolysebeständigkeit) ist für die Haltbarkeit und die Lagerung wichtig. Die **Beständigkeit gegen Chemikalien** ist auch für die Wahl des Dekontaminationsverfahrens von Bedeutung.

Dekontaminationsmittel. Ein wichtiges Dekontaminationsmittel ist Chlorkalk (Calciumhypochlorid-chlorid). Zur Trockenhaltung wird gebrannter Kalk (Ätzkalk, CaO) zugesetzt. Die Zubereitungen sind über mehrere Jahre stabil. Die Dekontaminationswirkung beruht auf Oxidations- und Chlorierungsprozessen. Die Reaktionen können stark exotherm und explosionsartig ablaufen. Zur Bindung von Schwefel(S)-Lost ist Chloramin-T (Na-p-Toluol-sulfochloramid) geeignet. Es entsteht ein Sulfimin. Alkoholische Natriumsulfid-Lösungen sind zur Dekontamination von Stickstoff-Losten (HN-3) und einigen Augenreizstoffen geeignet. Es entstehen ungiftige Thioäther. Viele Kampfstoffe können auch durch Laugen zerstört werden, die eine Hydrolyse in Wasser beschleunigen.

2.2. Toxikologische Eigenschaften

Die toxikologischen Eigenschaften von Kampfstoffen werden durch folgende **Kennzahlen** charakterisiert:

- **Reizschwelle** (minimale Wirkdosis): die geringste Konzentration in der Luft, die gerade eben einen spürbaren Reiz verursacht (z.B. Brennen der Augen bei Augenreizstoffen)
- **Erträglichkeitsgrenze:** Die Konzentration in der Luft, die von einem gesunden Menschen 1 min toleriert wird ohne Gesundheitsschäden hervorzurufen.
- **ID_{50}** (mittlere inhibitorische Dosis): Die Dosis, die bei 50% der betroffenen Personen Leistungsunfähigkeit verursacht.
- **ICt_{50}** (mittleres inhibitorisches Konzentrations-Zeit-Produkt): Das Konzentrations-Zeit-Produkt, das bei 50% der betroffenen Personen Leistungsunfähigkeit verursacht.
- **LD_{50}:** (mittlere letale Dosis): Die Dosis, die bei 50% der betroffenen Personen den Tod verursacht.
- **LCt_{50}** (mittleres letales Konzentrations-Zeit-Produkt): Das Konzentrations-Zeit-Produkt, das bei 50% der betroffenen Personen den Tod verursacht.

Tabelle 51: Physikalisch-chemische und toxikologische Kennzahlen für CN und CS.
Angaben aus Klimmek, Szinics, Weger (1983). Verwendete Abkürzungen siehe Tabelle 34, Seite 73.

	SmP (°C)	SdP (°C)	Dampfdruck bei 20°C (mm Hg)	Sättigungskonzentration bei 20°C (mg/l)
CN	54 - 59	245	0,013	0,105
CS	93 - 96	310 - 315		

	Reizschwelle (mg/m³)	Erträglichkeitsgrenze (mg/m³)	ICt_{50} (mg.min/m³)	LCt_{50} (mg.min/m³)
CN	0,3	1 - 4,5	80	ca. 11000
CS			10 - 20	ca. 25000

3. Spezielle Toxikologie einzelner chemischer Kampfstoffe

3.1. Augenreizstoffe

Augenreizstoffe werden z.B. bei Polizeiaktionen zur Aufrechterhaltung der öffentlichen Ordnung eingesetzt. Sie wurden auch militärisch im I. Weltkrieg („B-Stoff", „Martonite") oder während des Vietnamkrieges verwendet. Die wichtigsten Lakrimogene sind halogenierte aliphatische oder aromatische Ketone, oder halogenierte stickstoffhaltige Aromate. Zu den wichtigsten Vertretern dieser Gruppe gehören **Bromaceton, Brommethyläthylketon, Brombenzylcyanid (BBC)**, sowie **Chloracetophenon (CN)** und **o-Chlorbenzylidenmalodinitril (CS)**. CN und CS sind bei Umgebungstemperatur Feststoffe, die als Kristalle vorliegen. Sie können als Aerosole angewendet werden. CS besitzt einen pfefferartigen Geruch.

Dekontamination. Eine Dekontamination von Gegenständen kann mit alkalischen Lösungen durchgeführt werden. CN wird auch durch Natriumsulfid zu einem ungiftigen Thioäther umgewandelt. CS wird durch Chlorkalk zerstört.

Symptomatik. Augenreizstoffe verursachen ein Brennen und Tränen der Augen, Augenschmerzen, Brennen in Nase und Kehlkopf, Schneuzen und Husten. Die Symptome klingen innerhalb von 24 h vollständig ab.

Therapie. Die Augen können zur Linderung der Beschwerden mit 2 – 3% $NaHCO_3$-Lösung gespült werden. Augenreizstoffe verursachen im Regelfall keine bleibenden gesundheitlichen Schäden. Bei sehr hohen Konzentrationen, die in geschlossenen Räumen vorkommen können, kann auch durch Augenreizstoffe ein Lungenödem ausgelöst werden. Beim Verdacht auf Einwirkung entsprechend hoher Konzentrationen muß eine Prophylaxe mit einem Glucocorticoid per inhalationem eingeleitet werden. Der Patient muß dann auch einer stationären Überwachung zugeführt werden.

Tabelle 52: Physikalisch-chemische und toxikologische Kennzahlen für Nasen-Rachen-Reizstoffe.
Angaben aus Klimmek, Szinics, Weger (1983). Abkürzungen siehe Tabelle 34, Seite 73.

	SmP (°C)	SdP (°C)	Dampfdruck bei 20°C (mm Hg)	Sättigungskonzentration bei 20°C (mg/l)
Diphenylarsinchlorid	38 – 44	307; 333	$1{,}6 \cdot 10^{-3}$; $5 \cdot 10^{-4}$	$6{,}8 \cdot 10^{-4}$; $7{,}2 \cdot 10^{-3}$
Diphenylarsincyanid	30 – 35	290; 346	$2{,}0 \cdot 10^{-4}$ $4{,}7 \cdot 10^{-5}$	$1{,}5 \cdot 10^{-4}$; $2{,}79 \cdot 10^{-3}$
Phenarsazinchlorid	195	410	$2 \cdot 10^{-13}$	$2 \cdot 10^{-5}$

	Reizschwelle (mg/m³)	Erträglichkeitsgrenze (mg/m³)	ICt_{50} (mg.min/m³)	LCt_{50} (mg.min/m³)
Diphenylarsinchlorid	0,1	1,0	12 (15 min)	15000
Diphenylarsincyanid	0,005	0,25	20 (5 min)	10000
Phenarsazinchlorid	0,1	0,4	22 (1 min)	15000

3.2. Nasen-Rachen-Reizstoffe

Nasen-Rachen-Reizstoffe sind **organische Arsenverbindungen**, die im I. Weltkrieg Anwendung fanden **(Blaukreuz-Gruppe)**. Als Aerosole aus festen Partikeln wurden sie durch die üblichen Gasmasken nicht zurückgehalten und zwangen die Betroffenen ihre Masken abzunehmen. Sie galten daher als sogenannte ***Maskenbrecher***, die eingesetzt wurden, damit sich die feindlichen Soldaten anderen, nicht maskengängigen Kampfstoffen (Chlor, Phosgen) exponierten.

Chemisch handelt es sich um dreiwertiges Arsen, das mit 2 Valenzen Bindungen mit Phenylringen und mit einer Valenz an einen Säurerest (Chlor, Cyanid) gebunden ist. Die wichtigsten Nasen-Rachen-Reizstoffe sind **Diphenylarsinchlorid, Diphenylarsincyanid** und **Phenarsazinchlorid** (= Adamsit). Nasen-Rachen-Reizstoffe liegen bei Umgebungstemperatur in fester Form vor (Kristalle) und wurden als Aerosole angewendet. Zur Dekontamination von Gegenständen eignet sich Chlorkalk.

Symptomatik. Nasen-Rachen-Reizstoffe verursachen Brennen und Tränen der Augen, Brennen in der Nase, Rhinorhoe, Brennen im Hals und Husten, sowie Übelkeit und Erbrechen. Durch starke Reizung der Schleimhäute des oberen Respirationstraktes und der Kiefer- und Stirnhöhlen kommt es zu starken Kopfschmerzen.

Therapie. Zur Linderung der Beschwerden können Antihistaminika und Glucocorticoide angewendet werden. Bei Einwirkung sehr hoher Konzentrationen kommt es auch zu einer Reizung der tieferen Atemwege. Es können retrosternale Schmerzen, Bronchospasmen und/oder ein toxisches Lungenödem ausgelöst werden. Darüberhinaus kann es in diesen Fällen auch zu Reizerscheinungen an der Haut kommen (Brennen, Jucken, Erythem, evtl. Blasenbildung). Zur Prophylaxe eines toxischen Lungenödems muß in diesen Fällen ein Glucocorticoid per inhalationem appliziert werden. Bei Einwirkung hoher Konzentrationen kann es zur Inkorporation relevanter Arsen-Mengen mit Zeichen einer systemischen Vergiftung kommen. In diesen Fällen ist zur Beschleunigung der Arsen-Dekorporation die Gabe von Dimercaptopropansulfonat (DMPS) indiziert.

3.3. Lungenkampfstoffe

Der größte Anteil der Todesfälle durch chemische Kampfstoffe im I. Weltkrieg geht auf den Einsatz von Lungenkampfstoffen zurück. Chlor wurde nur anfangs verwendet und später durch Phosgen und verwandte Stoffe verdrängt.

Von Bedeutung sind **Phosgen, Diphosgen, Triphosgen und Chlorpikrin**. Phosgen ist bei Umgebungstemperatur ein farbloses Gas, das nach faulem Heu oder Äpfeln riecht. Diphosgen und Chlorpikrin bilden bei Umgebungstemperatur farblose ölige Flüssigkeiten. Diphosgen besitzt einen vergleichbaren Geruch wie Phosgen. Triphosgen liegt bei Umgebungstemperatur dagegen in fester kristalliner Form vor.

Wirkmechanismus. Phosgen und seine Derivate werden in Wasser hydrolysiert. Die Hydrolyse wird im alkalischen Milieu beschleunigt. Lungenkampfstoffe induzieren ein toxisches Lungenödem. Pathobiochemisch führen sie zu einer Azylierung funktioneller Gruppen (Amino-, Hydroxy-, Thiolgruppen). Der bei der **Hydrolyse von Phosgen** entstehende Chlorwasserstoff ist wahrscheinlich nicht von relevanter toxikologischer Bedeutung.

$$\mathbf{OCCl_2 + H_2O \rightarrow CO_2 + 2\,HCl}$$

$$\mathbf{OCCl_2 + 4\,NaOH \rightarrow Na_2CO_3 + 2\,NaCl + 2\,H_2O}$$

Mit Ammoniak reagiert Phosgen zum ungiftigen Harnstoff und Ammoniumchlorid:

$$\mathbf{OCCl_2 + 4\,NH_3 \rightarrow OC(NH_2)_2 + 2\,NH_4Cl}$$

Dekontamination. Eine Dekontamination von Gegenständen nach Phosgen-Einwirkung ist wegen der hohen Flüchtigkeit dieses Stoffes meist nicht notwendig. Bei Bedarf kann eine

Tabelle 53: Physikalisch-chemische und toxikologische Kennzahlen für Lungenkampfstoffe.
Angaben aus Klimmek, Szinics, Weger (1983). Abkürzungen siehe Tabelle 34, Seite 73.

	SmP (°C)	SdP (°C)	Dampfdruck bei 20°C (mm Hg)	Sättigungs-konzentration bei 20°C (mg/l)	LCt_{50} (mg.min/m³)
Phosgen	–127,9	7,48	1178	6370	3200
Diphosgen	–57	127 – 128	10,3	120	3200
Chlorpikrin	–64	112 – 113	16,9	184	ca. 4x niedriger (ca. 12800)

Tabelle 54: Seßhaftigkeit von Hautkampfstoffen vom Lost-Typ im Verhältnis zu Wasser bei 15°C.
Angaben aus Klimmek, Szinics, Weger (1983)

S-Lost	N-Lost 1	N-Lost 2	N-Lost 3
60 (20°C)	5,5 (25°C)	6,5 (20°C)	351 (25°C)

Dekontamination von Phosgen, Diphosgen oder Triphosgen durch alkalische Lösungen oder Ammoniak erfolgen. Zur Dekontamination von Chlorpikrin eignet sich besonders alkoholische Natriumsulfid-Lösung. Dabei werden allerdings auch toxische Produkte freigesetzt (z.B. nitrose Gase).

Symptomatik.

Nach Inhalation von Lungenkampfstoffen entwickelt sich das **Lungenödem** mit Dyspnoe, Tachypnoe und respiratorischer Insuffizienz nach einer Latenzzeit von mehreren Stunden (12–24 h).

Bei Einwirkung sehr hoher Konzentrationen in der Atemluft kommt es sofort durch **Reizung der Schleimhäute** zu einem Kratzen im Hals, Husten und evtl. zu Übelkeit und Erbrechen. Das Lungenödem entwickelt sich dann nach einer kürzeren symptomfreien Latenzzeit. Stärkere Reizerscheinungen der Schleimhäute, einschließlich der Bindehäute der Augen, werden unmittelbar nach Einwirkung von Chlorpikrin beobachtet. Chlorpikrin ist auch geeignet eine **Methämoglobinämie** zu verursachen.

Therapie. Nach Inhalation von Lungenkampfstoffen muß immer mit der Entwicklung eines toxischen Lungenödems gerechnet werden. Die Patienten sollten körperliche Anstrengungen vermeiden. Eine Prophylaxe mit einem Glucocorticoid per inhalationem, in Abhängigkeit der Situation auch i.v., ist zwingend. Es gilt das im Kapitel „Brandgase" erläuterte Vorgehen.

3.4. Hautkampfstoffe

3.4.1. Schwefel- und Stickstoffloste

Der Name Lost leitet sich von den Namen von 2 Chemikern ab, Lommel und Steinkopf, die sich besonders mit den Eigenschaften des Schwefellosts beschäftigt haben. Schwefellost (**Senfgas**, mustard gas, Yperit) fand im I. Weltkrieg breite Anwendung. Es wurde erstmals 1917 von den deutschen Streitkräften bei Ypern eingesetzt. Später fand es im chinesisch-japanischen Krieg (1937–1945) Anwendung.

Die Stickstoffloste wurden in den 30er Jahren in Hinblick auf ihren Einsatz als chemische Kampfstoffe näher untersucht. Von Bedeutung sind 2,2-Dichlor-diäthylsulfid

(Schwefellost, S-Lost, HD), N-Äthyl-2,2-dichlor-diäthylamin (HN-1), N-Methyl-2,2-dichlor-diäthylamin (HN-2) und 2,2,2-Trichlortriäthylamin (HN-3) (N-Loste). S-Lost und N-Loste liegen bei Umgebungstemperatur in flüssigem Zustand vor. Der Schmelzpunkt von S-Lost liegt bei 14°C. Dieser verhältnismäßig hohe Schmelzpunkt ist taktisch für einen Einsatz im Winter ungünstig. S-Lost wird daher in organischen Lösungsmitteln gelöst (z.B. Chlorbenzol, Nitrobenzol). Die Zubereitungen haben einen deutlich niedrigeren Schmelzpunkt. S-Lost kann auch mit dem arsenhaltigen Hautkampfstoff Lewisit gemischt werden. Das Gemisch aus 63% Lewisit und 37% S-Lost besitzt einen Schmelzpunkt von –14°C.

Dekontamination. Zur S-Lost-Dekontamination von Gegenständen ist Chlorkalk geeignet. S-Lost wird zum weniger toxischen Sulfoxid und Sulfon oxidiert. Die Reaktion läuft mit starker Wärmebildung ab. Dabei können auch weitere toxische Reaktionsprodukte entstehen (Chlorwasserstoff, Schwefeldioxid).

Um heftige Reaktionsverläufe zu vermeiden, sollten wässrige Chlorkalkaufschwemmungen angewendet werden.

Als Oxidationsmittel zur Dekontamination sind neben Chlorkalk prinzipiell auch Kaliumpermanganat, Wasserstoffsuperoxid oder Salpetersäure geeignet. Bei der Anwendung von Chloramin-T wird S-Lost unter Bildung eines nicht toxischen Sulfimins gebunden. Bei Einwirkung von Chlorkalk (oder Salpetersäure) auf HN-3 entstehen hochtoxische partiell entalkylierte Verbindungen. Zur Entgiftung von HN-3, HN-2 und HN-1 eignet sich alkoholische Natriumsulfidlösung.

Militärische Aspekte. Loste können als Flüssigkeiten, Aerosole oder als Zählost Anwendung finden. Bei Adsorption von Losten an Silikat-Feinstaub wird die Eindringtiefe in den Respirationstrakt erhöht. Die Schädigung der Atemwege gewinnt im Verhältnis zur Schädigung der Haut an Bedeutung, und die Toxizität nimmt insgesamt zu. Eine solche Adsorption an Feinstaub kann akzidentell bei der Detonation von Lost-haltigen Geschossen vorkommen. Es bestehen Anhaltspunkte dafür, daß während des Irak-Iran-Konflikts Geschosse mit S-Lost und Silikatstäuben Anwendung gefunden haben.

Wirkmechanismus. Loste wirken durch Alkylierung verschiedenster Moleküle, die nukleophile Angriffsmöglichkeiten bieten (Sauerstoff-, Schwefel-oder Stickstoffatome). S-Lost bildet ein Sulfoniumion und N-Loste Immoniumionen, die den elektrophilen Angriff vermitteln.

Immoniumion (N-Loste)
$(R1, R2) - N^+ - (CH_2)_2$

Sulfoniumion (S-Lost)
$ClCH_2 - CH_2 - S^+ - (CH_2)_2$

Durch Alkylierungsreaktionen werden Zellteilungsvorgänge beeinträchtigt. Dies äußert sich besonders an Geweben mit hoher Zellteilungsrate (Darmschleimhaut, Knochenmark). Die Alkylierungsreaktionen sind auch für die **mutagene, kanzerogene und teratogene Wirkung** der Loste verantwortlich. Bei Einwirkung hoher Dosen sind für Loste auch cholinerge Wirkungen beschrieben.

Symptomatik. Loste besitzen lokale und systemische Wirkungen. Der Hautkontakt mit Losten ist zunächst schmerzlos. Nach Berichten aus dem Iran-Irak-Konflikt kann es allerdings auch zu einem Brennen in den Augen und zu einem Gefühl der Atemnot kommen, ohne daß weitere Kampfstoffe (Arsen-haltige Hautkampfstoffe, Phosgenoxime) in diesen Fällen nachgewiesen werden konnten. Über Bewußtseinsverluste wird ebenfalls berichtet. Die Eindringgeschwindigkeit von Losten in die Haut beträgt ca. 0,001 $mg/cm^2/min$. Nach einer Latenzzeit von 6–8 h bildet sich ein **Erythem** und **Ödem mit Juckreiz** ($> 0{,}01$ mg $S\text{-}Lost/cm^2$; $> 0{,}001$ mg $HN3/cm^2$). Bevorzugt betroffen sind die Haut am Nacken, in den Achselhöhlen und in der Genitalregion. Bei geringer Exposition kommt es nach 5–10 Tagen zur Abheilung. Eine zurückbleibende Schuppung und Pigmentierung verschwindet nach einigen Monaten. **Bei stärkerer Exposition (> 0,1 mg S-Lost/cm²; > 0,01 mg HN3/cm²) entstehen aus dem Erythem Blasen**, die ihren Ausgang vom Korium nehmen (oberflächliche bullöse Form). Die Blasen sind nach 12–24 h voll ausgebildet und sehr schmerzhaft. Das Blasendach aus Epidermis stirbt ab. Die resultierenden Wunden sind nach ca. 4 Wochen epithelialisiert. **Nach sehr starker Exposition** bilden sich Blasen nach einer deutlich kürzeren Latenzzeit (6 h). Die Blasen zerfallen nach 2 Tagen und es bilden sich **tiefe Geschwüre** (tiefe bullöse Form). Die Nekrosen reichen bis in die Subkutis. Die Abheilung benötigt 2–3 Monate. Die Hautdefekte neigen wegen der **Beeinträchtigung des Immunsystems** durch Loste zur Sekundärinfektion.

Besonders bei **Einwirkung von Stäuben, die mit S-Lost imprägniert sind**, bilden sich schwärzliche Verfärbungen mit nachträglichen Hautabhebungen (schwarz-pigmentierte exfoliative Läsionen). In diesen Fällen ist die **Schädigung der Atemwege besonders ausgeprägt** („Majnoon-Syndrom"). Diese Erscheinungsform ist sporadisch im I. Weltkrieg und gehäuft bei Opfern des Iran-Irak-Konflikts beobachtet worden. Auch die Konjunktiven werden durch Loste gereizt. Es kommt zum **Brennen und Tränen der Augen**, evtl. zum Blepharospasmus.

Gefährlich ist der Kontakt der Augen mit flüssigen Losten. Hierdurch kann es zur Trübung der Hornhaut und zur Nekrosenbildung mit nachfolgender Erblindung kommen. Das Reiben der juckenden oder brennenden Augen mit kontaminierten Händen sollte daher unterlassen werden.

Die Wirkungen von S-Lost und N-Losten sind prinzipiell identisch. Hautdefekte oder Augenverletzungen durch N-Loste sollen etwas schneller abheilen als nach Einwirkung von S-Lost.

Loste greifen nach Inhalation auch die Schleimhäute des Respirationstraktes an. Es kommt zu einer **Bronchitis**. Auch **Nekrosen der Bronchialschleimhaut** und ein **Lungenödem** können entstehen. Die Schädigung der Atemwege ist bei Inhalation von imprägnierten Stäuben besonders ausgeprägt.

Neben lokalen Wirkungen besitzen Loste auch **systemische Effekte**.

Tabelle 55: Physikalisch-chemische und toxikologische Kennzahlen für Hautkampfstoffe vom Lost-Typ. Angaben aus Klimmek, Szinics, Weger (1983). Abkürzungen siehe Tabelle 34, Seite 73.

	SmP (°C)	SdP (°C)	Dampfdruck bei 20°C (mm Hg)	Sättigungskonzentration bei 20°C (mg/l)
S-Lost	14	227,8	0,72 (20°C)	0,610
N-Lost 1	–34	85 (15 mm Hg)	0,25 (25°C)	1,59
N-Lost 2	–65 – 60	75 (15 mm Hg)	0,29 (20°C)	0,007
N-Lost 3	–4	230 – 235	0,0109 (25°C)	0,07

	ICt_{50} Augen (mg.min/m³)	ICt_{50} perkutan (mg.min/m³)	LCt_{50} inhaliert (mg.min/m³)	LCt_{50} perkutan (mg.min/m³)
S-Lost	200	2000	1500	10000
N-Lost 1	200	9000	1500	20000
N-Lost 2	100	zw. 2500 – 9000	3000	
N-Lost 3	200	2500	1500	10000

Bei perkutaner Applikation beträgt die Dosis letalis für den Menschen für S-Lost ca. 50 mg/kg und für HN-3 10–20 mg/kg.

Von einem Tropfen S-Lost, der auf die Haut aufgetragen wird, verdampfen ca. 80-Gew%. Von der verbleibenden Menge, die in die Haut eindringt, werden ca. 10% in der Haut fixiert und 90% werden systemisch resorbiert. In sehr hohen Dosen führen Loste zu **Erregungszuständen** und Krämpfen mit nachfolgender ZNS-Depression. Die cholinergen Eigenschaften der Loste können zu einer **Bradykardie**, einem **AV-Block** und zu Rhythmusstörungen führen. Häufiger werden **Kopfschmerzen, Bauchschmerzen, Übelkeit und Erbrechen** beobachtet. Es kommt zu **Störungen der Blutbildung** mit Leukopenie bis zur Agranulozytose, Thrombozytopenie und Anämie. Die erhöhte Anfälligkeit für Infektionen prädisponiert zu Bronchopneumonien und Sepsis.

Therapie. Nach Hautkontakt mit Losten sollte kontaminierte Kleidung entfernt werden. Die befallenen Hautstellen sollten abgetupft und mit reichlich Wasser und Seife gewaschen werden. Auch $NaHCO_3$-Lösung (bis 10%) ist geeignet. Die Augen sollten ebenfalls mit reichlich Wasser oder $NaHCO_3$-Lösung (3%) gespült werden. Die befallenen Hautstellen sollten anschließend mit **Chloramin T** (Puder oder Lösung) behandelt werden. Zur Linderung des Juckreizes nach Entstehung des Erythems können Antihistaminika-haltige Salben angewendet werden. Blasen sollten punktiert, aber nicht abgetragen werden. Augenverletzungen können mit Lokalanästhetika und Antibiotika-haltigen Salben behandelt werden. Einem Verkleben der Lieder sollte möglichst vorgebeugt werden.

Bei Inhalation von Losten muß eine Lungenödem-Prophylaxe mit einem Glucocorticoid per inhalationem durchgeführt werden.

Zur Bindung von (perkutan) resorbiertem S-Lost oder N-Lost, und zur Prophylaxe systemischer Intoxikationserscheinungen, kann **Natriumthiosulfat** ($Na_2S_2O_3$ 10%: 250–500 ml i.v.) eingesetzt werden Es bildet mit Losten Alkylthioschwefelsäuren. Zur Bindung von Losten ist auch die Anwendung von Acetylcystein versucht worden (150 mg i.v. alle 3 h). Eine Desalkylierung nukleophiler Gruppen durch diese Maßnahmen ist allerdings nicht möglich. Auch die lokalen Schädigungen an Haut und Schleimhäuten werden durch diese Maßnahme nicht beeinflußt.

3.4.2. Arsenhaltige Hautkampfstoffe

Im Gegensatz zu den arsenhaltigen Nasen-Rachen-Reizstoffen handelt es sich bei den arsenhaltigen Hautkampfstoffen um **dihalogenierte Arsinverbindungen**.

$(Halogen)_2$ – As – Alkyl-oder Arylrest

Arsenhaltige Hautkampfstoffe wurden im I. Weltkrieg von deutscher und alliierter Seite verwendet. Die wichtigsten arsenhaltigen Hautkampfstoffe sind bei Umgebungstemperatur Flüssigkeiten: **Methylarsindichlorid** (lauchartiger Geruch), **Äthylarsindichlorid** (knoblauchartiger Geruch), **Phenylarsindichlorid** (stechender Geruch) und **Chlorvinylarsindichlorid** (= Lewisit, geranienartiger Geruch).

Wirkmechanismus. Arsen reagiert mit Sulfhydrilgruppen und blockiert dadurch zahlreiche Enzyme. Im Einzelnen unterscheiden sich biochemisch die Wirkungen von dihalogenierten Arsinverbindungen (Hautkampfstoffe) von denjenigen von monohalogenierten Verbindungen (Nasen-Rachen-Reizstoffe). Im Gegensatz zu den monohalogenierten Arsinverbindungen, die nur mit einer SH-Gruppe reagieren können, reagieren dihalogenierte Arsinverbindungen mit 2 SH-Gruppen. Die Pyruvatdehydrogenase z.B. wird durch dihalogenierte, nicht aber durch monohalogenierte Arsinverbindungen inhibiert.

Dekontamination. Gegenstände, die mit arsenhaltigen Hautkampfstoffen kontaminiert sind,

Tabelle 56: Physikalisch-chemische und toxikologische Kennzahlen für arsenhaltige Hautkampfstoffe. Angaben aus Klimmek, Szinics, Weger (1983). Abkürzungen siehe Tabelle 34, Seite 73.

	SmP (°C)	SdP (°C)	Dampfdruck bei 20°C (mm Hg)	Sättigungskonzentration bei 20°C (mg/l)
Lewisit	–18	190; 196,6	0,394	2,3
Phenylarsindichlorid	–16	252	0,021	0,404
Äthylarsindichlorid	–64	156	2,09	20,0
Methylarsindichlorid	–55	133	7,6	74,9

	ICt_{50} (mg.min/m³)	LCt_{50} inhaliert (mg.min/m³)	LCt_{50} perkutan (mg.min/m³)
Lewisit	300 (Augen) 1500 (perkutan)	1200 – 1500	100000
Phenylarsindichlorid	16 (Erbrechen) 1800 (Blasen)	2600	
Äthylarsindichlorid	5 – 10 (inhaliert)	3000 – 5000	100000
Methylarsindichlorid	25 (inhaliert)	3000 – 5000	

können mit Chlorkalk dekontaminiert werden. Andere Oxidationsmittel sind ebenfalls geeignet (Kaliumpermanganat).

Symptomatik. Arsenhaltige Hautkampfstoffe schädigen die Haut und die Schleimhäute. Bei Einwirkung auf die **Haut** kommt es zu einem **brennenden Gefühl**. Nach ca. 30 min entwickelt sich ein Ödem und nach mehreren Stunden (12 h) kommt es zur Blasenbildung. Diese können in den ersten Tagen zusammenfließen und zerfallen, oder es bilden sich schmerzhafte **Nekrosen**.

Bei Einwirkung von arsenhaltigen Kampfstoffen auf die **Augen** entstehen sofort **Schmerzen, Tränen** der Augen und evtl. ein **Lidkrampf**. Nach einigen Stunden kommt es zu einer Trübung **der Hornhaut**. Eine Zerstörung des gesammten Augapfels durch arsenhaltige Hautkampfstoffe ist möglich. Arsenhaltige Hautkampfstoffe führen bei Inhalation zu einer **Reizung der Atemwege** mit Niesen, Husten und retrosternalen Brustschmerzen. Die Entstehung eines toxischen Lungenödems ist möglich. Darüberhinaus kann es durch arsenhaltige Hautkampfstoffe zu einer systemischen Arsenintoxikation kommen.

Therapie. Befallene Hautstellen sollten mit **viel Wasser und Seife** gespült werden. Auch **$NaHCO_3$-Lösung** (3%) kann angewendet werden. Im Anschluß sollten die befallenen Hautstellen mit **BAL (British Antilewisite Salbe, 10%)** eingerieben werden. Nach der Ausbildung von Blasen sollten diese punktiert werden. Betroffene Augen sollten nach Spülung mit **BAL-Augensalbe (4%)** behandelt werden. Die Applikation von BAL sollte nach Einwirkung des arsenhaltigen Kampfstoffs so schnell wie möglich erfolgen. **Nach Inhalation** sollte neben symptomatischen

Maßnahmen (z.B. Bronchodilatatoren bei Bronchospasmen) ein Glucocorticoid per inhalationem zur **Prophylaxe eines toxischen Lungenödems** appliziert werden. Arsen und seine Verbindungen wirken als Kapillargifte. Klinisch kommt es zu hämorrhagischen Ödemen, Durchfällen, Schock mit Leber- und Nierenversagen.

Als **Antidote** stehen **Dimercaprol (BAL)** oder **Dimercaptopropansulfonat (DMPS)** zur Verfügung. **BAL** besteht aus **2,3 Dimercaptopropanol (Dimercaprol)**. Es ist ein Antidot, das gegen Lewisit entwickelt worden ist und bei Arsen-Vergiftungen wirksam ist. Durch die Sulfhydril-Gruppen von Dimercaprol wird Arsen komplexiert. Dimercaprol wird **topisch** als Haut- (10% BAL) oder Augensalbe (4% BAL) verwendet. Dimercaprol kann auch systemisch als i.m. Injektion angewendet werden. Dimercaprol ist allerdings schlecht verträglich, es können Blutdruckanstieg, Tachykardie, Übelkeit und Erbrechen ausgelöst werden. Die Injektion der öligen-Lösung ist schmerzhaft. Es können auch Muskelnekrosen entstehen. Die Dosierung beträgt 200 mg BAL i.m. alle 4 h. Am 3. Tag wird das Dosierungsintervall auf 6 h, und ab dem 4. Tag auf 12 h verlängert. Als Antidot **zur systemischen Anwendung ist Dimercaptopropansulfonat (DMPS) besser geeignet**. Seine Eigentoxizität ist geringer (LD_{50} bei i.m.-Applikation bei Mäusen: ca. 1700 mg/kg KG; LD_{50} von BAL bei i.m. Applikation: ca. 120 mg/kg). DMPS kann sowohl intravenös als auch oral verabreicht werden (Dimaval®-Kapseln zu 100 mg). Es wird aus dem Magen-Darm-Trakt zu ca. 50% resorbiert. Die Ausscheidung erfolgt zu 90% unverändert renal. Die Dosierung beträgt bei leichten Vergiftungen 3 x 200 mg DMPS/d per os. Bei schweren Krankheitsbildern sollte die parenterale Applikation, wegen der unsicheren enteralen Resorptionsverhältnisse, bevorzugt werden. Bei schweren Intoxikationen werden initial 200 mg i.v. und anschließend 100–200 mg i.v. alle 2 h appliziert. Bei oraler Applikation müssten die Dosierungen verdoppelt werden (initial 400 mg per os, 200–400 mg alle 2 h). Die Tagesdosis wird dann allmählich verringert.

3.4.3. Nesselstoffe

Sie **gehören zu den Hautkampfstoffen** und wurden in den 30er Jahren näher untersucht. Die wichtigsten Nesselstoffe sind **Phosgenoxim (Dichlorformoxim), Trichlormethylchlorformoxim** und **Trichloracetophenon**. Es handelt sich bei Umgebungstemperatur um feste kristalline Stoffe. Die technische Phosgenoxim-Zubereitung liegt als gelbbraune Flüssigkeit vor. Trichlormethyl-Chlorformoxim riecht nach nitrosen Gasen.

Dekontamination. Eine Dekontamination ist mit Alkalihydroxyden möglich.

Symptomatik. Bei **Hautkontakt** mit Nesselstoffen kommt es sofort zu **brennenden Schmerzen** (>100–350 mg/m³). Es bildet sich innerhalb von 30 s ein **anämischer Fleck mit einem rötlichen Rand** und **nach ca. 30 min eine Quaddel**. In den folgenden Tagen bildet sich eine **Nekrose**. Der Defekt heilt nach Wochen bis Monaten ab. Auch an den Augen besitzen Nesselstoffe eine starke, sofort einsetzende Reizwirkung (Augenreizung bei Konzentrationen >25 mg/m³). Bei **Inhalation** von Nesselstoffen kann ein **toxisches Lungenödem** ausgelöst werden.

Therapie. Nach Kontakt mit Nesselstoffen sollte die Haut, oder die Augen, mit reichlich Wasser gespült werden. Bei Inhalation ist eine Lungenödem-Prophylaxe indiziert. Spezifische Antidote sind nicht bekannt.

3.5. Nervenkampfstoffe: Organophosphate

Tabun wurde 1936 in den Laboratorien der IG-Farben synthetisiert. Seine hohe Toxizität für den Menschen und seine potentielle Eignung als chemischer Kampfstoff wurden erkannt und ab 1943 wurde es zu diesem Zweck in einer Fabrik in Dyhernfurth an der Oder in größeren Mengen produziert. **Soman** und **Sarin** wurden in den Jahren 1939–1944 entwickelt. Diese 3 Stoffe besitzen auch heute noch herausragende Bedeutung als chemische Kampfstoffe. In den 50er Jahren wurde in

Tabelle 57: Seßhaftigkeit von militärisch genutzten Organophosphaten.
Angaben aus Sipri (1973) und Szinicz und Kullmann (1990)

	Tabun	Sarin	Soman	VX
Regen, 10°C, mäßiger Wind	0,5 – 6 h	0,25 – 1 h	3 – 36 h	1 – 12 h
Sonne, 15°C, leichter Wind	1 – 4 d	0,25 – 4 h	2,5 – 5 d	3 – 21 d
Sonne, −10°C, Schnee, windstill	1 – 14 d	1 – 2 d	7 – 42 d	7 – 112 d

Schweden VX entwickelt, der chemisch mit dem Neurotransmitter Acetylcholin Ähnlichkeit besitzt. Alle Organophosphate leiten sich von der **Schraderschen Formel (s. Abb. 21)** ab.

Physikochemische Eigenschaften. Tabun, Sarin, Soman und VX liegen bei Umgebungstemperatur alle in flüssigem Zustand vor. Die Reinsubstanzen sind farblos. Die technischen Zubereitungen von Tabun, Sarin und Soman besitzen meist eine (gelb)bräunliche Farbe und einen fruchtartigen Geruch. Tabun verbreitet teilweise auch einen Bittermandelgeruch, da bei höheren Temperaturen (>200°C) Cyanid freigesetzt wird. Sarin besitzt von den 4 Vertretern den niedrigsten Siedepunkt und die niedrigste Seßhaftigkeit. VX besitzt mit einem Siedepunkt von 300°C eine sehr hohe Seßhaftigkeit. Die Seßhaftigkeit von Organophosphaten kann durch Zusatz von polymeren Verbindungen wie Kautschuk noch weiter erhöht werden.

Dekontamination. Eine Dekontamination ist mit Oxidationsmitteln (Chlorkalk) gut möglich. Eine spontane quantitativ relevante Zersetzung bei üblichen Umgebungstemperaturen ist nicht zu erwarten.

Wirkmechanismus. Organophosphate sind stark lipophil. Sie werden über die Schleimhäute des Respirationstraktes, aber auch über die Haut, gut resorbiert. Sie phosphorylieren und inhibieren die Cholinesterasen, so daß der Neurotransmitter Acetylcholin nicht mehr inaktiviert werden kann.

Symptomatik. Es kommt zu einer endogenen Acetylcholin-Intoxikation mit den aus der **Stimulation muskarinartiger Rezeptoren** resultierenden Symptomen:

- Miosis
- Salivation
- Bradykardie
- Hypotonie
- Bronchokonstriktion und bronchiale Hypersekretion
- Übelkeit
- Erbrechen
- Bauchkrämpfe
- Diarrhoe

Durch die **Stimulation nicotinartiger Rezeptoren** kommt es weiterhin zu:

- Faszikulationen der Skelettmuskulatur
- Muskelschwäche
- Lähmungen
- Areflexie

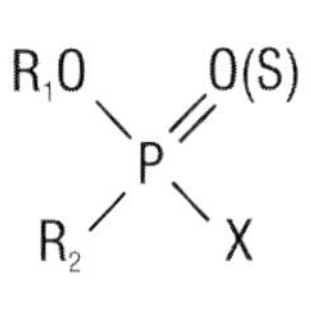

R_1 = Alkyl-
R_2 = Alkoxy-, Alkyl-, Dialkylamido- } basische Gruppen

X = Halogen-, Cyanid-, Phenoxy-, disubstituierte Pyrophosphat- } Abgangsgruppen

Abb 21: Grundstruktur von Organophosphaten (Schrader-Formel).

Darüberhinaus werden **zentralnervöse Symptome** beobachtet:

- Erregung
- Desorientierung
- verwaschene Sprache
- Epileptische Anfälle
- Stupor
- Koma
- Atemstillstand

Therapie. (Einzelheiten zur Therapie bei Intoxikationen mit Organophosphaten finden sich im Kapitel III. 3.2.8 Insektizide)

Nach Hautkontakt sollten die **befallenen Hautstellen reichlich mit Wasser und Seife gespült** werden. Einzelne Tropfen sollten zunächst abgetupft werden. Falls verfügbar, ist der Einsatz von Entgiftungspulver, das in der ABC-Selbsthilfeausstattung von Soldaten enthalten ist, angewendet werden. Die befallenen Hautstellen werden eingepudert. Nach einer Einwirkungszeit von 1 min wird der Puder durch Abschütteln oder Abtupfen entfernt. Im Anschluß sollten die befallenen Hautstellen mit Seife abgewaschen werden. Entgiftungspuder soll nicht auf Schleimhäuten (Augen-, Mund- oder Nasenschleimhaut) oder auf offenen Wunden angewendet werden oder eingeatmet werden. Falls Entgiftungspuder in die Augen gerät, sind diese sofort reichlich mit Wasser zu spülen.

Die **medikamentöse Therapie** besteht in der **Gabe von Atropin, Oximen** und **Benzodiazepinen.** Die Erstmaßnahme beim Auftreten von Intoxikationserscheinungen besteht in der intramuskulären Gabe von Atropin (2 mg) **mittels Autoinjektor (s. Abb. 22)** im Rahmen der Selbsthilfe. Hierzu wird der Autoinjektor am Oberschenkel angesetzt.

Abb 22: Handhabung eines Autoinjektors.
Quelle: Bundesamt für Zivilschutz, KatS-Dv 120, Teil A (ABC-Ausstattung aller Fachdienste)

Tabelle 58: Physikalisch-chemische und toxikologische Kennzahlen für Organophosphate.
Angaben aus Klimmek, Szinics, Weger (1983). Abkürzungen siehe Tabelle 34, Seite 73.

	SmP (°C)	SdP (°C)	Dampfdruck (mm Hg)	Sättigungskonzentration bei 20°C (mg/l)
Tabun	−49 − 50	246	0,07 (25°C)	0,6
Sarin	−56	147	2,2 (25°C)	12,50
Soman	−80	167	0,31 (25°C)	2,06
VX	−30	300	0,00011 (20°C)	3,0 (25°C)

	LD oral (mg/kg)	LD_{50} perkutan (g)	LCt_{50} bei Ruheatmung (mg.min/m^3)
Tabun	5	1 − 2	400
Sarin	0,04 − 0,06	1 − 2	100

Tabelle 59: Wirksamkeit von Oximen bei Organophosphat-Intoxikationen.
0: unwirksam, +: wirksam, ++: sehr wirksam. Angaben aus Biederbick (1995)

	Pralidoxim	Obidoxim	HI 6
Tabun	0	++	0
Sarin	+	++	++
Cyclosarin	0	+	++
Soman	0	0	+
VX	+	+	+

Falls verfügbar, sollte auch über Autoinjektor ein Oxim appliziert werden. Atropin sollte über Autoinjektor nur beim Vorliegen von Intoxikations-Symptomen und nicht prophylaktisch angewendet werden, da eine Atropinisierung mit Nebenwirkungen verbunden ist, die die Leistungsfähigkeit beeinträchtigt. Bei Symptomen einer Organophosphat-Vergiftung sollten alle 10 – 20 min Atropin-Injektionen wiederholt werden (2 mg i.m.), bis Atropinisierungszeichen vorliegen (Tachykardie, Flush, Wärmegefühl, trockener Mund, Schluckstörungen, Sehstörungen, Trunkenheitsgefühl). Bei intramuskulärer Applikation von Atropin ist mit einem Wirkungseintritt nach ca. 8 min zu rechnen. Bei leichten Intoxikationen sollte ein leichter Atropinisierungsgrad über mindestens 24 h aufrechterhalten werden (Atropin per os: 0,5 – 2 mg alle 0,5 – 4 h). Bei Einnahme von Atropin-Tabletten setzt die Wirkung nach ca. 20 min ein und erreicht ihr Maximum nach ca. 50 min. Die Wirkung von 2 – 4 mg Atropin hält ca. 3 – 5 h an, bei kurzfristigen repetitiven Gaben von 8 mg beträgt die Wirkdauer 6 – 12 h.

Bei mittelschweren oder schweren Intoxikationen muß Atropin repetitiv in höheren Dosen i.v. zugeführt werden. Bei intravenöser Gabe setzt die Wirkung innerhalb von 1 min ein und erreicht ihr Maximum nach ca. 6 min. Bei schweren Organophosphat-Intoxikationen hält die Atropinwirkung teilweise nur wenige Minuten an. Im akuten Stadium ist eine rasche austitrierende Atropinisierung (Atropinisierungszeichen: Herzfrequenz: > 90/min) notwendig. Zur **Behandlung von Krampfanfällen** und zur Behandlung von Unruhezuständen bei Organophosphat-Intoxikationen sind **Benzodiazepine** indiziert. Sie besitzen im Tierversuch eine protektive Wirkung gegen morphologische Läsionen im ZNS, die nach Organophosphat-Intoxikationen beobachtet werden.

Oxime dienen der Reaktivierung der phosphorylierten Cholinesterasen. Auch weitere „direkte Effekte" könnten von Bedeutung sein. Ihre tatsächliche klinische Wirksamkeit ist allerdings umstritten. In den angelsächsischen Ländern wird Pralidoxim (PAM), in Deutschland **Obidoxim** bevorzugt. Oxime können initial i.m. mit Autoinjektor appliziert werden. Obidoxim in einer Dosierung bis 250 mg i.m. ist relativ gut verträglich. Bei einer Dosierung ab 250 mg i.m. sollen leichte **Unverträglichkeitsreaktionen** (Kopfschmerzen, Sehstörungen, Wärme- oder Kältegefühl) vorkommen. Bei Dosen von 2,5 – 10 mg/kg wurden Parästhesien, Hyperalgesien, Menthol-Geschmack, Hypertonie und Tachykardien beschrieben. Eine i.m. Injektion von 600 mg PAM-Chlorid (oder 500 mg PAM-Methansulfonat, Inhalt eines Autoinjektors) verursacht leichte Schmerzen an der Injektionsstelle, besitzt aber keine Auswirkungen auf den Blutdruck oder die Herzfrequenz. Die Applikation von 1,0 g PAM-Chlorid i.m. kann ein Wärme- oder auch Kältegefühl, Sehstörungen oder Kopfschmerzen verursachen. Hohe PAM-Chlorid-Dosen (30 mg/kg) können einen Blutdruckanstieg und EKG-Veränderungen nach sich ziehen.

Phosphorylierte Cholinesterase-Komplexe unterliegen einer spontanen Dealkylierung („Alterung"), die zur Folge hat, daß ein nukleophiler Angriff und damit eine Reaktivierung der Esterase durch das Oxim nicht mehr möglich ist. Die Alterung des phosphorylierten Cholinesterase-Komplexes verläuft bei Soman-Intoxikationen sehr schnell (Halbwertszeit: wenige Minuten). Pralidoxim und Obidoxim sind daher bei Soman-Intoxikationen unwirksam. Eine bessere Wirksamkeit bei Soman-Intoxikationen besitzt das neue Oxim HI 6, das dafür eine schlechte Wirksamkeit bei Tabun-Intoxikationen besitzt. HI 6 soll bei einer therapeutischen Dosierung von 500 mg i.m. gut verträglich sein.

Prophylaktische Maßnahmen gegen Organophosphat-Intoxikationen. Die Prognose einer Organophosphat-Intoxikation, insbesondere einer Soman-Intoxikation, kann durch prophylaktische Gabe eines reversiblen Cholinesterase-Inhibitors deutlich verbessert werden. Der reversibel inhibierte Cholinesterase-Anteil wird vor der irreversiblen Phosphorylierung und Inhibierung durch das Organophosphat geschützt. Die Therapie nach einer Organophosphat-Intoxikation erfolgt wie üblich (Atropin + Diazepam + Oxim).

Zur Prophylaxe bei einem möglichen Einsatz von Organophosphaten findet Pyridostigmin in einer Dosierung von 30 mg per os alle 8 h Anwendung. Die Acetylcholinesterase-Aktivität im Blut wird hierdurch um 20–40% reduziert. Während des II. Golfkriegs (1991) klagten ca. 50% der mit Pyridostigmin behandelten Soldaten über Beschwerden (Bauchkrämpfe, weiche Stühle, Harndrang). Auch über eine Häufung von Asthmaanfällen wurde berichtet. Die Einnahme von Pyridostigmin mußte allerdings in weniger als 0,1% der Fälle aus medizinischen Gründen abgebrochen werden.

3.6. Stoffwechselgifte

3.6.1. Blausäure und Chlorcyan

Als mögliche chemische Kampfstoffe aus der Gruppe der Cyanide kommen derzeit hauptsächlich Blausäure (HCN)(AC) oder Chlorcyan (ClCN) (CK) in Frage. **Blausäure** wurde erstmals 1916 auf französischer Seite als Kampfstoff eingesetzt. Die Effektivität erwies sich wegen der hohen Flüchtigkeit und der nur geringen Luft-Konzentrationen als gering. Blausäure wurde später in Gemischen mit Arsen(III)-Chlorid, Zinn(IV)-Chlorid, Bromcyan oder Chlorcyan verwendet. **Chlorcyan** besitzt im Gegensatz zu Blausäure eine reizende Wirkung auf die Atemwege. Da es durch die damals verwendeten Schutzmaskenfilter nicht zurückgehalten wurde, besaß das Gemisch aus Blausäure und Chlorcyan die Eigenschaften eines „Maskenbrechers" (s.a. Organische Arsenverbindungen/Blaukreuz-Kampfstoffe) und veranlaßte zum Absetzen der Schutzmasken.

Militärische Aspekte. Blausäure kann als Flüssigkeit verwendet werden (zerberstende Behälter, Verwendung aus Sprühtanks). Durch die hohe Verdampfungswärme können sich aus Blausäure Flüssigkeitströpfchen bilden. Eine Wasserkondensation und Nebelbildung kann stattfinden. Auch durch Anwendung von Aerosolen können letale Gefechtskonzentrationen erreicht werden. Wegen der hohen Flüchtigkeit von Blausäure nimmt die Konzentration rasch ab. Mit einer Verschleppung von Blausäuredämpfen in toxikologisch-relevanten Konzentrationen über größere Distanzen ist nicht zu rechnen. Blausäure kann allerdings auch adsorbiert an feine Silikatpartikel angewendet werden. Es muß bei Adsorption an Schwebstoffe mit einer längeren Verweildauer am Boden gerechnet werden.

Toxikologie. Das letale Konzentrations-Zeit-Produkt für Chlorcyan ist größer als für Blausäure, da Chlorcyan das für die systemische Toxizität verantwortliche Cyanid langsamer freisetzt. Die reizenden Wirkungen von Chlorcyan auf die Schleimhäute des Respirationstraktes sind allerdings geeignet ein toxisches Lungenödem auszulösen. Die Eigenschaften von Blausäure und Chlorcyan sind vergleichend in Tabelle 60 dargestellt. Die Resorption erfolgt hauptsächlich über die Atemwege. Die Resorption über die Haut dürfte unter Gefechtsbedingungen quantitativ von untergeordneter Bedeutung sein. Blau-

Tabelle 60: Physikalisch-chemische und toxikologische Kennzahlen von Blausäure und Chlorcyan.
Angaben aus Klimmek, Szinics, Weger (1983). Abkürzungen siehe Tabelle 34, Seite 73.

	SmP (°C)	SdP (°C)	Dampfdruck bei 20°C (mm Hg)	Sättigungskonzentration bei 20°C (mg/l)	LCt_{50} (mg.min/m³)
Blausäure	−13,2	25,7	612	837	600 (Inhalation 15 s) 1000 (Inhalation 1 min) 2000 (Inhalation 10 min)
Chlorcyan	−6	12,7	1002	3300	11000

säure wird über die Lungen rasch resorbiert und kann innerhalb von Sekunden bis Minuten zu Vergiftungserscheinungen führen.

Dekontamination. Eine Dekontamination ist wegen der hohen Flüchtigkeit von Blausäure und Chlorcyan im Regelfall nicht notwendig. Eine Dekontamination erscheint nur für den Fall notwendig, daß Cyanide an Silikatstäube adsorbiert angewendet wurden.

Das Cyanidion bildet mit vielen Schwermetallionen Komplexe. In Schutzmaskenfiltern können Zink- und Kupfersulfat verwendet werden, um Blausäure in der Einatmungsluft abzufangen. Der Cyanidanteil aus Chlorcyan wird an Pyridine gebunden. In Schutzmaskenfiltern gegen Chlorcyan können daher zyklische Amine Verwendung finden.

Symptomatik und Therapie. Die typische Klinik und Behandlung der Cyanidintoxikation ist im Kapitel II. 2.4. *Blausäure* ausführlich beschrieben. Bei Intoxikationen mit Chlorcyan sind die reizenden Wirkungen auf die Schleimhäute des Respirationstraktes zu berücksichtigen. Zur Prophylaxe eines toxischen Lungenödems ist ein Ruhigstellen des Patienten (ggf. Sedierung) und Flüssigkeitsrestriktion notwendig. Beim bewußtseinsklaren Patienten ist die frühestmögliche Gabe von Corticosteroiden als Dosieraerosol indiziert.

Differentialdiagnostik. Unter Gefechtsbedingungen muß bei Anwendung rasch letal wirkender Kampfstoffe zwischen Blausäure und Organophosphaten differenziert werden. Liegen noch keine chemisch-analytischen Ergebnisse vor, ist besonders auf folgende Symptome zu achten: Eine Mydriasis spricht für eine Cyanid-Intoxikation. Mittelweite Pupillen werden aber auch beobachtet. Eine ausgeprägte Miosis kommt dagegen bei Cyanid-Einwirkung praktisch nicht vor und spricht für eine Intoxikation mit organischen Phosphorsäureestern. Auch eine ausgeprägte Bronchokonstriktion und starke Sekretion deuten auf die Einwirkung von Nervenkampfstoffen.

Prophylaktische Maßnahmen gegen Blausäure-Intoxikationen. Zur Prophylaxe von Cyanid-Intoxikationen könnten Methämoglobinbildner von Interesse sein. Dimethylparaaminophenol (DMAP) per os unterliegt allerdings einem hohen hepatischen First-pass-Effekt. Durch Aminopropiophenon oder p-Aminooctanoylphenon können bei Hunden Met-Hb-Spiegel von ca. 15% über 10 h aufrechterhalten werden (Eyer, 1994). Die Anwendung von Natriumthiosulfat ($Na_2S_2O_3$) erscheint wenig sinnvoll, da kein ausreichender, rasch wirksamer Schutz bei Einwirkung größerer Cyanid-Mengen zu erwarten ist.

3.6.2. Arsenwasserstoff

Arsenwasserstoff (AsH_3) ist ein farbloses Gas mit Knoblauchgeruch. Es besitzt einen niedrigen Siedepunkt (–60°C), eine hohe Flüchtigkeit und ist leicht oxidierbar. Sein Einsatz als Kampfstoff ist daher praktisch nicht möglich. Denkbar ist allerdings der Einsatz von **Metallarseniden**, die in feuchter Luft Arsenwasserstoff freisetzen:

$$2\,AlAs + 3\,H_2O \rightarrow 2\,AsH_3 + As_2O_3$$

Dekontamination. Eine Dekontamination ist mit Oxidationsmitteln möglich.

Toxikologie und Symptomatik. Arsenwasserstoff wird über den Respirationstrakt aufgenommen (gefährliche Dosis 1 – 10 ppm über 1 h; letal 250 ppm über 30 min oder 1150 ppm sofort) und führt mit einer Latenz von einigen Stunden zu einer Hämolyse mit Ikterus, abdominellen Krämpfen, Leber- und Milzschwellung. Als Folge entwickelt sich ein Nierenversagen mit Oligurie, Anurie und Urämie.

Therapie. Die Diurese ist durch großzügige Flüssigkeitszufuhr und evtl. Furosemid aufrechtzuerhalten. Die Applikation von Dopamin ist sinnvoll (3 µg/kg/min). Der Urin sollte durch Gabe von $NaHCO_3$ alkalisiert werden. In Abhängigkeit vom Ausmaß der Hämolyse kann eine Austauschtransfusion indiziert sein.

Die Gabe von DMPS ist *nicht* geeignet eine Hämolyse zu verhindern.

3.6.3. Fluorkarbonverbindungen

Sie wurden während des II. Weltkriegs in Hinblick auf ihren Einsatz als Kampfstoffe untersucht. Sie sind für einen Einsatz auf dem Gefechtsfeld ungeeignet, könnten allerdings zur verdeckten Kampfführung in Frage kommen. **Toxische Fluorkarbonverbindungen haben die Grundstruktur:**

$FCH_2\text{-}(CH_2)_n\text{-}CH_2OH$ oder
$FCH_2 - (CH_2)_n - COOR$

mit n = 0 oder gerade Zahl

Wirkmechanismus. Aus den Fluoralkanolen oder Fluorkarbonestern entstehen nach Oxidation bzw. Hydrolyse Fluorkarbonsäuren. Diese unterliegen im Fettsäurestoffwechsel einer β-Oxidation. Als Endprodukt entsteht Fluoressigsäure (n: gerade Zahl) oder Fluorpropansäure (n = ungerade Zahl). Die Fluoressigsäure wird, wie Essigsäure, nach Umwandlung zu Fluoracetyl-CoA in den Zitratzyklus eingeschleust und weiter, wie das physiologische Substrat Acetyl-CoA, verstoffwechselt. Dabei entsteht Fluorcitrat, das kompetitiv die Aconitase inhibiert, und zu einer Anreicherung des physiologischen Substrats Citrat führt. Dies hat schwere Störungen des Intermediärstoffwechsels zur Folge.

Symptomatik. Nach der Aufnahme von Fluorkarbonen kommt es mit einer Latenzzeit von mehreren Stunden zu Übelkeit, Erbrechen, Seh- und Hörstörungen, Herzinsuffizienz, Rhythmusstörungen, Bewußtseinsstörungen, Krämpfen und Atemdepression.

Therapie. Neben unspezifischen Maßnahmen zur Erhaltung der Vitalfunktionen sind die üblichen Verfahren der primären Giftelimination indiziert (Magenspülung, Aktivkohle, Laxans). Als spezifische Maßnahme sollten Substanzen verabreicht werden, die zu Acetyl-CoA verstoffwechselt werden, und damit Fluoracetyl-CoA von einer weiteren Umsetzung im Zytratzyklus kompetitiv verdrängen (Glycerinmonoacetat, Acetamid: 100 ml mit Wasser vermischt; Ethanol).

3.7. Psychogifte

Psychogifte sind geeignet exogene Psychosen zu verursachen und damit geordnete Verhaltensweisen bei den Betroffenen zu verhindern. Die Effekte sind inter- und intraindividuell sehr unterschiedlich, so daß bei einem Einsatz als Kampfstoff die Wirkung unsicher ist.

In Hinblick auf ihre Potenz wären als Psychokampfstoffe insbesondere **LSD** und **3-Chinuclidinyl-benzilat (BZ)** geeignet.

LSD ist ein potentes Halluzinogen (wirksame Dosis 1 µg/kg, Einzeldosis meist 75–100 µg). Die Latenzzeit bis zum Eintritt der Wirkung beträgt 15–60 min.Es treten visuelle Pseudohalluzinationen auf. Das Raum-und Zeitgefühl ist aufgehoben. Neben euphorischen Stimmungslagen können auch Panikreaktionen entstehen („Horrortrip"). Der Wirkungshöhepunkt ist nach 1 bis 4 h erreicht. Die Wirkung hält dosisabhängig 6–12 h an.

BZ ist ein farbloses Pulver, das per os oder über die Atemwege resorbiert werden kann (wirksame psychotoxische Dosis: 10 µg/kg; ICt_{50} = 0,11 mg l^{-1} min; LCt_{50} = 200 mg l^{-1} min). Die Latenzzeit beträgt 30–60 min. Neben Konzentrationsschwäche, Verwirrung, Angstgefühlen können Desorientierung und Halluzinationen auftreten. Regelrechtes Verhalten wird dadurch beeinträchtigt. Der Höhepunkt der Wirkung ist nach 4–8 h erreicht und klingt langsam ab. Die Gesamtwirkungsdauer beträgt 48–96 h.

BZ gehört zur Gruppe der Anticholinergika. Daher werden auch anticholinerge Symptome wie Mydriasis, Tachykardie, Hyperthermie und trockener Mund, Nase und Haut beobachtet.

Therapie. Bei dem Verdacht auf Einwirkung von Psychokampfstoffen müssen bewaffnete Personen frühzeitig entwaffnet werden, da mit nicht vorhersehbaren Verhaltensstörungen gerechnet werden muß. Nach Möglichkeit empfiehlt sich eine Isolierung, um Panikreaktionen und Desorganisierung zu vermeiden.

Bei Kontamination der Haut mit Psychokampfstoffen sollen die befallenen Hautstellen mit Wasser und Seife gewaschen werden. Die weitere Behandlung ist symptomatisch. Bei Bedarf sind erregte Patienten bis zum Abklingen der psychotischen Bewußtseinslage zu sedieren (z.B. mit Diazepam). Bei BZ-Intoxikationen kann das spezifische Antidot Physostigmin angewendet werden. Die Wirkungsdauer von Physostigmin (ca. 1 h) ist allerdings deutlich kürzer als die von BZ. Wiederholte Gaben sind daher notwendig.

Nach Einwirkung von BZ ist besonders darauf zu achten, daß im Rahmen der Selbst- oder Kamaradenhilfe keine Autoinjektoren (enthalten Atropin) angewendet werden. Atropin verstärkt die Wirkung des Anticholinergikums BZ.

3.8. Toxine

3.8.1. Botulinumtoxin

Botulinumtoxine werden durch das anaerobe sporenbildende Bakterium Clostridium botulinum gebildet. Es werden verschiedene Botulinumtoxine unterschieden, die sich durch unterschiedliche antigene Eigenschaften unterscheiden.

Wirkmechanismus. (Typ A – G). Botulinumtoxine sind Proteine (MG vom Toxin Typ A: 900.000). Dennoch werden sie im Magen-Darm-Trakt durch Proteasen nicht vollständig gespalten und entgiftet. Bei Aufnahme von Botulinumtoxinen per os werden relevante Mengen durch die Schleimhäute resorbiert. Auch eine Resorption über die Atemwege ist möglich. Ein Einsatz mit Kontamination von Trinkwasser und Nahrungsmitteln oder in Aerosolform ist daher denkbar. Botulinumtoxine sind hochtoxisch (Dosis letalis: < 1 µg). Sie blockieren an cholinergen Synapsen die Acetylcholin-Freisetzung.

Symptomatik. Nach einer Latenzzeit von mehreren Stunden ((2)–12 h bis Tage) kommt es zunächst zu einer Lähmung der Augenmuskeln mit Doppeltsehen, Akkomodationsstörungen und Ptosis. Es folgt eine Lähmung der Schlundmuskulatur mit Sprach- und Schluckstörungen. Im weiteren Verlauf entwickelt sich eine Paralyse der Atemmuskulatur mit respiratorischer Insuffizienz. Die Paralyse wird bei vollem Bewußtsein erlebt.

Therapie. Die Therapie besteht, neben symptomatischen Maßnahmen, in der Gabe von polyvalentem Botulinum-Antitoxin. Nur zirkulierendes, nicht aber intrazelluläres Toxin, wird durch die Antikörper gebunden.

3.8.2. Mykotoxine

Militärische Bedeutung besitzen **Trichotecene.** Es handelt sich um Stoffwechselprodukte von Fungi imperfecti. Die Mykotoxine werden durch Extraktion aus Pilzkulturen (Fusarien) gewonnen. Militärisch kann das extrahierte Toxingemisch eingesetzt werden. Chemisch handelt es sich um **Sesquiterpene (T2-Toxin, Nivalenol, Verrucarin A).** Es handelt sich um feste Stoffe, die auch beim Kochen (100°C) über 1 h nicht zerstört werden.

Dekontamination. Eine Dekontamination ist mit starken Mineralsäuren oder mit Natriumhypochlorid (NaHClO) möglich.

Wirkmechanismus. In Lösung werden Mykotoxine über Schleimhäute, aber auch über die Haut resorbiert. Trichothecene inhibieren die Proteinsynthese. Sie reagieren auch mit Zellmembranen. Reaktionen mit Sulfhydrilgruppen-haltigen Proteinen müssen aus chemischer Sicht angenommen werden.

Symptomatik. Die Vergiftung läuft in Phasen ab. Nach Einwirkung auf die Haut bildet sich ein brennendes Erythem. Nach Resorption kommt es zu Übelkeit, Erbrechen, Schwächegefühl und Fieber (Phase I, ca. 1 Woche). In der nächsten Phase (ca. 3 – 4 Wochen) kommt es zu einer Störung der Blutbildung mit Leukozytopenie, Thrombozytopenie und Anämie. Im 3. Stadium steht die hämmorhagische Diathese im Vordergrund. Es entwickeln sich Petechien und Hämmorhagien an den inneren Organen. Die Patienten klagen über blutige Durchfälle. Darüberhinaus besteht eine Abwehrschwäche mit Neigung zu Infektionen und Sepsis. Wenn dieses Stadium überlebt wird, kommt es innerhalb von Monaten zur Erholung.

Therapie. Die Therapie ist rein symptomatisch, ggf. mit intensivmedizinischer Überwachung. Antidote sind nicht bekannt.

3.9. Nebelstoffe

Sie gehören nicht zu den chemischen Kampfstoffen im engeren Sinne, können aber Intoxikationen hervorrufen. Sie werden im militärischen Bereich zum Tarnen und Täuschen eingesetzt.

Titanchlorid ($TiCl_4$) (SmP: – 23°C, SdP: 136,5°C)

Mit Wasser bildet Titanchlorid Titandioxid (TiO_2) und Chlorwasserstoff (HCl), in feuchter Luft hauptsächlich Titanoxidchlorid ($TiOCl_2$). Eine Dekontamination ist mit alkoholischen Lösungen möglich.

Schwefeltrioxid und Chlorsulfonsäure (FS)

Die Mischung besteht aus 55 Gew.-% Schwefeltrioxid (SO_3) und 45% Chlorsulfonsäure ($ClSO_3H$) (SmP: –30°C, SdP: 80°C). Mit Wasserdampf in feuchter Luft bildet sich Schwefelsäure und Salzsäure. Eine Zersetzung und Dekontamination ist mit alkalischen Lösungen möglich.

Aluminium, Zinkoxid und Hexachloräthan (HC)

Die Mischung besteht aus Aluminium (< 10 Gew-%) und gleichen Gewichtsanteilen von Zinkoxid (ZnO) und Hexachloräthan. Nach Entzündung bilden sich Aluminiumoxid (Al_2O_3), Aluminiumchlorid ($AlCl_3$), Zinkchlorid ($ZnCl_2$) und Kohlenstoff (C). Der Nebel entsteht durch Adsorption von Wasser an Zinkchlorid. Je niedriger der Aluminium-Anteil in der Mischung, desto weniger Kohlenstoff wird nach Entzündung gebildet. Der Nebel nimmt eine weiße Farbe an.

Symptomatik und Therapie. Bei Inhalation von Nebelstoffen kommt es zu einer Reizung der Schleimhäute. In Abhängigkeit der Konzentration und der Expositionsdauer kann ein toxisches Lungenödem induziert werden. Eine Lungenödem-Prophylaxe ist daher indiziert.Bei Hautkontakt, evtl. mit brennendem Gefühl, sollte die Haut ausgiebig mit Wasser gespült werden.

3.10. Brandstoffe

Flammöle werden unverdünnt in Flammenwerfern und in verdickter Form in Brandbomben benutzt. **Flammöle** bestehen aus Benzin, das teilweise mit anderen Ölen vermischt wird (Kerosin, Dieselöl, Schmieröl). Zur Verdickung von Flammölen kann **Napalm** verwendet werden. Napalm ist eine Aluminiumseife, die mit Flammölen eine flüssige bis gelförmige Masse bildet. Verdickte Flammöle bleiben an Gegenständen haften.

Als **Metallbrandstoff** wird **Magnesium** verwendet. Metallbrandstoffe werden teilweise auch mit Ölbrandstoffen kombiniert. **Thermit** besteht aus Aluminium-Pulver (27%) und Eisenoxid (Fe_2O_3, 73%). Beim Verbrennungsvorgang entsteht elementares Eisen, das bei der hohen Temperatur in flüssiger Form vorliegt. **Thermate** sind Mischungen aus Thermit mit Nitraten oder Schwefel. Sie werden zur Zündung von Magnesiumbomben benutzt.

Neben **Verbrennungen** können, in Abhängigkeit von der Situation, **Intoxikationen durch Brandgase** entstehen.

Teil V
Anhänge

Anhang V-1
Giftinformationszentren

Bundeseinheitlich ist von der Telekom für Giftnotrufzentralen die Nummer 1 92 40 (mit vorangestellter Vorwahlnummer) reserviert worden.

Im einzelnen sind die Giftinformationszentren unter folgenden Nummern zu erreichen:

Inland	Adresse	Telefon	Fax	Internet
Berlin	Landesberatungsstelle für Vergiftungserscheinungen und Embryonaltoxikologie. Pulsstraße 3 - 7, 14059 Berlin	Tel: 030/ 1 92 40	Fax: 030/ 32 68 07 21	
	Virchow-Klinikum, Klinik für Innere Medizin (Schwerpunkt Nephrologie und Intensivmedizin) Augustenburger Platz 1 13353 Berlin	Tel: 030/ 4 50 - 5 35 55 oder 4 50 - 5 35 65	Fax: 030/ 4 50 - 5 39 15 oder 4 50 - 5 39 09	
Bonn	Giftinformationszentrale, Zentrum für Kinderheilkunde der Rheinischen Friedrich-Wilhelms-Universität Bonn Adenauerallee 119 53113 Bonn	Tel: 0228/ 2 87 32 11	Fax: 0228/ 2 87 33 14	http:// www meb. uni-bonn. de/gift-zentrale/
Erfurt	Gemeinsames Giftinformationszentrum der Länder Mecklenburg-Vorpommern, Sachsen, Sachsen-Anhalt und Thüringen Nordhäuser Straße 74 99089 Erfurt	Tel: 0361/ 73 07 30	Fax: 0361/ 7 30 73 17	
Freiburg	Informationszentrale für Vergiftungen, Universitätskinderklinik Freiburg Mathildenstraße 1 79106 Freiburg	Tel: 0761/ 19 240 oder 2 70 43 61	Fax: 0761/ 2 70 44 57	

Inland	Adresse	Telefon	Fax	Internet
Göttingen	Giftinformationszentrum Nord, Zentrum für Pharmakologie und Toxikologie Robert Koch Straße 40 37075 Göttingen	Tel: 0551/ 1 92 40 oder 38 31 80	Fax: 0551/ 3 83 18 81	
Homburg/Saar	Beratungsstelle für Vergiftungen, Universitäts-kinderklinik 66421 Homburg/Saar	Tel: 06841/ 1 92 40 oder 16 22 57 oder 16 28 46 (Zentrale: 16 0)	Fax: 06841/ 16 83 14 oder 16 40 17	
	Abt. Klinische Toxikologie im Institut für Pharmakologie und Toxikologie	Tel: 06841/ 16 24 25	Fax: 06841 / 16 60 51	
Mainz	Beratungsstelle bei Vergiftung, II. Medizinische Klinik und Poliklinik der Universität Langenbeckstraße 1 55131 Mainz	Tel: 06131/ 1 92 40 oder 23 24 66	Fax: 06131/ 17 66 05	http://www.giftinfo.uni-mainz.de/
München	Giftnotruf München, Toxikologische Abteilung der II. Medizinischen Klinik rechts der Isar der Technischen Universität München Ismaninger Straße 22 81675 München	Tel: 089/ 1 92 40	Fax: 089/ 41 40 24 67	
Nürnberg	Medizinische Klinik des städtischen Krankenhauses Nürnberg Nord, toxikologische Intensivstation Flurstraße 17 90419 Nürnberg	Tel: 0911/ 3 98 24 51	Fax: 0911/ 3 98 29 99 oder 3 98 22 05	

Ausland	Adresse	Telefon	Fax	Internet
Österreich	Wien Medizinische Universitäts- klinik Spitalgasse 23 1090-Wien	Tel: 00 43 222/ 43 43 43	Fax: 00 43 222/ 44 004 225	
Schweiz	Zürich Schweizerisches Toxikolo- gisches Informationszentrum Klosbachstraße 107 8030 Zürich	Tel: 00 41 1/ 2 51 51 51 oder 2 51 66 66	Fax: 00 41 1/ 2 52 88 33	
Frankreich:	Nancy Hopital Central 29, avenue De-Lattre- de-Tassigny 54035 Nancy Cedex	Tel: 00 33 3/ 83 85 26 26	Fax: 00 33 3/ 83 85 26 15	
	Paris Hopital Fernand-Widal 200, rue du Faubourg St-Denis 75475 Paris Cedex 10	Tel: 00 33 1/ 40 37 04 04	Fax: 00 33 1/ 40 05 41 93	
	Strasbourg Hopitaux universitaire 1, place de l´Hopital 67000 Strasbourg	Tel: 00 33 3/ 88 37 37 37	Fax: 00 33 3/ 88 16 13 88	
Belgien	Brüssel Centre antipoisons Rue Joseph Stallaert 1, Boite 15 Bruxelles	Tel: 00 32 2/ 345 45 45	Fax: 00 32 2/ 347 58 60	

Anhang V-2
Glossar klinischer Begriffe

Alveolen: Lungenbläschen. Strukturen am Ende des Bronchialsystems in unmittelbarer Nachbarschaft von Kapillaren, an denen der Gasaustausch zwischen der Luft und dem Blut stattfindet.

Apnoe: Atemstillstand

Aspiration: Eindringen von erbrochenem oder regurgitiertem (sauren) Mageninhalt oder von Fremdkörpern in die Luftröhre und tieferen Atemwege bei bewußtlosen Patienten mit gestörten Schutzreflexen (Schlucken, Husten, Würgen). Gefahr des Erstickens und im weiteren Verlauf Gefahr schwerer Lungenentzündungen.

Asystolie: Fehlende Herzkontraktionen mit Kreislaufstillstand und Pulslosigkeit, mechanischer Herzstillstand (hypodyname Form des Herzstillstandes).

Atemdepression: Verminderung des Atemantriebs (z.B. durch Einwirkung von Giften auf das Atemzentrum im Gehirn) mit Abnahme des Atemvolumens bis zum Atemstillstand.

Atemminutenvolumen: Luftvolumen, das in einer Zeiteinheit eingeatmet wird. In Ruhe: ca. 7-8 l/min

Atemzugvolumen: Luftvolumen, das bei einem Atemzug eingeatmet wird (ca. 500 ml/Atemzug)

Bradykardie: niedrige Herzfrequenz (< 50/min)

Bradypnoe: niedrige Atemfrequenz (< 10/min)

Bronchospasmus: Bronchokonstriktion: Verengung der Bronchien mit Atemnot (z.B. beim Asthma-Anfall oder nach Einwirkung von Reizstoffen auf die Bronchien)

Defibrillator: Elektrisches Gerät, mit dem durch Applikation von Stromstößen über Elektroden, die auf den Brustkorb aufgesetzt werden, Kammerflimmern (oder Vorhofflimmern) beseitigt werden kann.

Diarrhoe: Durchfall

Diffusionsstörung: Störung des Gasaustausches zwischen Lungenbläschen und Blut, z.B. beim Lungenödem infolge einer verlängerten Diffusionsstrecke.

Diurese: Harnausscheidung.

Dyspnoe: Atemnot

Elektrokardiogramm (EKG): Aufzeichnung der Herzaktionsströme über (im Regelfall) Elektroden an der Körperoberfläche (Brustkorb, Extremitäten)

Elektromechanische Entkopplung: mechanischer Herzstillstand bei regelrechten elektrischen Herzaktionen (regelrechtes EKG)

Embolie: Verlegung eines Blutgefäßes durch ein eingeschwemmtes Blutgerinnsel oder durch einen Fremdkörper (auch Fett, Luft oder Gas).

Epileptischer Anfall: Krampfanfall. Beim generalisierten Anfall mit Bewußtseinsverlust und unwillkürlichen Bewegungen in Form von Schüttelbewegungen (klonischer Anfall) oder Streckkrämpfen. Bei fokalen Anfällen auch ohne Bewußtseinsverlust und nur lokalen Schüttelbewegungen (z.B. ein Arm).

Extrasystole: vorzeitige Herzkontraktion innerhalb des normalen Kontraktionsrhythmusses.

Halluzination: Sinnestäuschung ohne äußere Reizeinwirkung (z.B. Hören einer Stimme).

Hämolyse: Auflösung von roten Blutkörperchen (Erythrozyten) mit Freisetzung von freiem Hämoglobin ins Serum. Gefahr eines akuten Nierenversagens.

Herzdruckmassage: Mechanische Kompression des Brustkorbes bei Herzstillstand zur Aufrechterhaltung einer Mindestkreislauffunktion im Rahmen einer Reanimation (zusätzlich immer Beatmung)

Herzinsuffizienz: Unfähigkeit des Herzens einen dem Bedarf angepaßten Blutfluß zu erzeugen. Das erzeugte Herzminutenvolumen ist zu gering. Als Ursache kommt eine Herzmuskelschwäche (Myokardinsuffizienz), Herzrhythmusstörungen oder Herzklappenfehler in Frage.

Herzrhythmusstörungen: Oberbegriff für alle Störungen einer normalen regelmäßigen elektrischen Herzaktion

Hypertonie: hoher arterieller Blutdruck

Hyperthermie: erhöhte Körpertemperatur, Fieber, z.B. bei Störung der Schweißbildung (Atropinvergiftung)

Hypotonie: niedriger arterieller Blutdruck

Hypothermie: erniedrigte Körpertemperatur, z.B. bei Unterkühlung

Hypovolämie: unzureichender Füllungszustand des Gefäßsystems, z.B. nach einer Blutung oder Flüssigkeitsverlusten durch massives Erbrechen, Diarrhoe oder Verlagerung von Flüssigkeit in sog. Dritte Räume (z.B. Darmlumen). Eine Hypovolämie führt zu Hypotonie, Tachykardie und evtl. Schock.

Hypoxie: Sauerstoffmangel des Körpers oder eines Organs oder Gewebes (bei totalem Sauerstoffmangel: Anoxie)

Infarkt: Absterben eines Gewebebezirks bei fehlender Durchblutung.

Intubation: Einführung eines Plastikschlauches in die Luftröhre zum Abdichten der Luftwege und Verhinderung einer Aspiration, sowie zur Beatmung.

Ischämie: krankhaft reduzierte oder fehlende Durchblutung eines Organs oder eines Organteils.

Kammerflimmern: Hochfrequente ungeordnete Kontraktionen des Herzmuskelgewebes, die zu einem Ausfall der Herzauswurfleistung führen (hyperdyname Form des Herzstillstandes)

Koma: Bewußtlosigkeit

Koniotomie: Eröffnung der Atemwege in Höhe des Kehlkopfes zur Einführung einer Kanüle (oder Trachealtubus) bei unmöglicher oraler Intubation. Notfallmäßiger Luftröhrenschnitt, der selten durchgeführt wird.

Laryngoskop: Gerät mit Griff und Spatel, das geeignet ist den Kehlkopfeingang direkt sichtbar zu machen und daher zur Intubation verwendet wird.

Luftröhrenschnitt: Eröffnung der Luftröhre zur Einführung einer Kanüle und Beatmung bei einer unmöglichen oralen Intubation (oder in der Intensivmedizin bei Langzeitbeatmung)

Lungenödem: Krankhafte Ansammlung von Flüssigkeit im Lungengewebe (im interstitiellen Raum und/oder in den Lungenbläschen)

Nierenversagen (akutes): Unfähigkeit der Niere eine ausreichende Harnmenge oder einen ausreichend konzentrierten Harn zu bilden. Ursache kann eine Durchblutungsstörung der Nieren (z.B. bei Hypovolämie) oder eine Schädigung der Harnbildenden Einheiten der Niere sein (z.B. durch Gifte).

Obstipation: Verstopfung

Ödem: Krankhafte Ansammlung von Flüssigkeit in einem Gewebe

Orthostatische Kreislaufstörung: Blutdruckabfall bei Veränderung der Körperlage vom Liegen zum Stehen durch Absinken eines größeren Blutvolumens in die Venen der unteren Extremitäten, und unzureichender Gegenregulation durch Konstriktion dieser Gefäße, so daß der venöse Rückstrom zum Herzen zumindest zeitweise abnimmt.

Parasympathiches Nervensystem: Teil des vegetativen (unwillkürlichen) Nervensystems (Überträgerstoff am Erfolgsorgan: Acetylcholin). Eine Aktivierung des Parasympathikus führt zu einer Verlangsamung der Herzfrequenz (Bradykardie), einer Kontraktion der Bronchien (Bronchokonstriktion), einer Zunahme der Bildung von Speichel und Bronchialsekret und Kontraktionen im Magen-Darm-Trakt.

Psychose: Geisteskrankheit, die durch Entzündung, Trauma oder Tumoren des Gehirns, oder durch Gifte verursacht sein kann (exogene = organische Psychose) oder bei nicht feststellbarer Ursache auftritt (endogene Psychose). Zwei Formen: Schizophrenie oder Cyclothymie (manisch-depressives Irresein). In verschiedener Ausprägung treten formale Denkstörungen (z.B. Zerfahrenheit), Wahnvorstellungen (z.B. Verfolgungswahn) und Halluzinationen auf.

Pulsoxymeter: Gerät mit dem durch Anlegen eines Fingerclips die Sättigung des roten Blutfarbstoffs Hämoglobin mit Sauerstoff gemessen werden kann (normal: > 90%).

Reizleitungssystem: modifizierte Herzmuskelfasern, in denen die elektrischen Impulse, die die mechanische Kontraktion des Herzens auslösen, entstehen (i.d.R. Sinusknoten) und von den Vorhöfen auf die Kammern, sowie in der Kammermuskulatur weitergeleitet werden (AV-Knoten, His-Bündel, Tawara-Schenkel, Purkinje-Fasern).

Reanimation: Wiederbelebung bei Atem-und Kreislaufstillstand (Freimachen der Atemwege, Beatmung, Herzmassage)

Schock: Akute Kreislaufstörung mit ungenügender Sauerstoffversorgung lebenswichtiger Organe.

Stabile Seitenlage: Lagerung eines (bewußtseinsgetrübten) Patienten auf der Seite zur Verhinderung einer Aspiration.

Stridor: Geräusch beim Einatmen (inspiratorischer Stridor) oder Ausatmen (exspiratorischer Stridor), das auf eine mechanische Verlegung der Atemwege hindeutet.

Sympathisches Nervensystem: Teil des vegetativen (unwillkürlichen) Nervensystems (Überträgerstoff am Erfolgsorgan: Noradrenalin). Eine Aktivierung des Sympathikus führt zu einer Zunahme der Herzfrequenz (positiv chronotrope Wirkung, Tachykardie), einer Beschleunigung der Überleitung von elektrischen Impulsen von den Vorhöfen auf die Kammern (positiv dromotrope Wirkung), einer Zunahme der Kontraktionskraft des Herzens (positiv inotrope Wirkung), einem Blutdruckanstieg und einer Dilatation der Bronchien.

Tachykardie: hohe Herzfrequenz (> 90/min)

Tachypnoe: hohe Atemfrequenz (>20/min)

Überleitungsstörung (Reizleitungsstörungen): Verlangsamung (AV-Block I. oder II. Grades) bis vollstandige Blockade (AV-Block III. Grades) der elektrischen Reizleitung von den Vorhöfen auf die Ventrikel.

Vasodilatation: Entspannung der glatten Muskulatur in der Gefäßwand mit Zunahme des Gefäßdurchmessers. Auslösung durch Stimulation von adrenergen ß-Rezeptoren oder bestimmten Mediatoren (z.B. Adenosin)

Vasokonstriktion: Kontraktion der glatten Muskulatur in der Gefäßwand mit Abnahme des Gefäßdurchmessers. Auslösung z.B. durch Stimulation von adrenergen alpha-Rezeptoren.

Ventilationsstörung: Störung des Gasaustausches zwischen Umgebungsluft und Lungenbläschen (z.B. bei Einengung des Bronchialsystems infolge Bronchospasmus).

Verweilkanüle: Kanüle zum Verbleib in einer Vene zur Applikation von Infusionslösungen oder Medikamenten. Zur Punktion dient eine Metallnadel, die in der Verweilkanüle liegt, die Spitze der Kanüle überragt und nach erfolgreicher Punktion des Gefäßes herausgezogen wird.

Verwirrtheit: Qualitative Bewußtseinsstörung mit Desorientiertheit bezüglich Ort, Zeit, der eigenen Person und/oder der realen Situation.

Wahn: Überzeugung, an der festgehalten wird, obwohl diese nachweislich objektiv widerlegt werden kann (z.B. Verfolgungswahn).

Zentraler Venenkatheter: Katheter zum Einführen in eine größere, tieferliegende Vene (Vena subclavia, vena jugularis interna, vena femoralis). In der präklinischen Notfallmedizin nur indiziert, wenn eine periphere Vene nicht punktiert werden kann.

Zyanose: Bläuliche Verfärbung von Haut-und Schleimhäuten bei reduziertem Sauerstoffgehalt des Blutes.

Anhang V-3 Glossar pharmakologischer und toxikologischer Begriffe

Acetylcholin: Neurotransmitter an parasympathischen Erfolgsorganen (muskarinartige Rezeptoren), an der neuromuskulären Endplatte (nikotinartige Rezeptoren) und im Gehirn.

Acetylcholinesterase: Enzym, das an Synapsen, die Acetylcholin als Neurotransmitter verwenden, dieses spalten und damit inaktivieren.

Agonist: Wirkstoff, der an einen Rezeptor gebunden wird und diesen aktiviert, so daß eine Wirkung resultiert. Ein partieller Agonist unterscheidet sich von einem (Voll)agonisten dadurch, daß die maximal erreichbare Wirkung schwächer ist.

Alpha-Rezeptor: Rezeptor für Katecholamine (Adrenalin, Noradrenalin), der eine Konstriktion der glatten Muskulatur vermittelt (z.B. Vasokonstriktion)

Analgetikum: Schmerzmittel (z.B. Morphin oder Acetylsalicylsäure)

Antagonist: Wirkstoff, der der Wirkung eines Agonisten entgegenwirkt. Ein kompetitiver Agonist bindet am Rezeptor an der gleichen Bindungsstelle wie der Agonist, aber ohne den Rezeptor zu aktivieren (z.B. der Opiatantagonist Naloxon hebt die Atemdepression, die durch Heroin verursacht ist, auf). Der Agonist wird dadurch nur verdrängt. Nichtkompetitive Antagonisten werden am Rezeptor, aber nicht an der Bindungsstelle für den Agonisten gebunden. Sie hemmen die Wirkung des Agonisten auf den Rezeptor. Funktionelle Antagonisten wirken auf biologische Systeme, die Wirkungen vermitteln, die der Wirkung des Agonisten entgegengesetzt sind (z.B. Das Parasympatholytikum Atropin erhöht die Herzfrequenz und wirkt der Bradykardie durch den ß-Rezeptoren-Blocker Propranolol entgegen).

Anticholinergikum: Wirkstoff der Acetylcholin-Rezeptoren (=muskarinartige-Rezeptoren) blockiert (z.B. Atropin). Die Wirkungen des parasympathischen Nervensystems werden inhibiert.

Anticholinesterase: Stoff der Cholinesterasen, auch die Acetylcholinesterase, reversibel oder auch irreversibel blockiert, und damit durch Hemmung der Inaktivierung des Neurotransmitters Acetylcholin, deren Wirkung potenziert (z.B. Pyridostigmin, Organophosphate).

Antidepressivum: Wirkstoff mit stimmungsaufhellender und antriebssteigernder Wirkung. Besitzt eine antipsychotische Wirkung (z.B. Imipramin)

Antidot: Gegengift

Antiepileptikum: Wirkstoff, der einen Krampfanfall verhindern oder unterbrechen kann (z.B. Diazepam, Clonazepam, Phenobarbital).

Antikonvulsivum: Antiepileptikum.

Anxiolytikum: Wirkstoff, der spezifisch angstlösend wirkt (z.B. Diazepam)

Beta-Rezeptor: Rezeptor für Katecholamine (Adrenalin, Noradrenalin), der eine Dilatation der glatten Muskulatur vermittelt (z.B. Bronchodilatation)

Diuretikum: Harntreibender Wirkstoff (z.B. Furosemid)

Hypnotikum: Wirkstoff der Schlaf induziert.

Kontamination: Verunreinigung durch giftige Stoffe, radioaktive Stoffe oder Krankheitserreger.

Methämoglobin: Hämoglobin (roter Blutfarbstoff), in dem das zweiwertige Eisenion (Fe 2+) in ein dreiwertiges Eisenion (Fe 3+) oxidiert worden ist. Methämoglobin kann im Gegensatz zu Hämoglobin keine Sauerstoffmoleküle binden. Methämoglobinbildung geht mit einer reduzierten Sauerstofftransportkapazität des Blutes einher.

Methämoglobinbildner: Stoffe, die Hämoglobin zu Methämoglobin oxidieren (z.B. aromatische Nitroverbindungen).

Mittlere letale Dosis (LD_{50}): Dosis eines Giftes (in mg/kg oral oder intravenös), bei der 50% des Kollektivs (z.B. Gruppe von Versuchstieren) versterben.

Mittlere letale Konzentration (C_{50}): Konzentration eines Giftes in der Atemluft (in mg/m^3 oder ppm = ml/m^3) bei deren Einwirkung 50% des exponierten Kollektivs versterben. Der C_{50}-Wert ist von der Expositionsdauer abhängig.

Mittleres letales Konzentrations-Zeit-Produkt (LCt_{50}): Produkt aus Konzentration eines Giftes in der Atemluft und Expositionsdauer, bei dem 50% des exponierten Kollektivs versterben. Der LCt_{50}-Wert ist keine reine Stoffkonstante, sondern von der Expositionsdauer abhängig.

Muskarinartiger Rezeptor (= m-Cholinozeptor): Acetylcholin-Rezeptor an parasympathisch-regulierten Organen (z.B. Herz, Bronchien, Darm).

Narkotikum: Wirkstoff mit dem eine Narkose eingeleitet oder aufrechterhalten werden kann (z.B. Thiopental, Etomidate, Propofol)

Neuroleptikum: Psychopharmakon mit antipsychotischer Wirkung. Die sedative Wirkung ist unterschiedlich ausgeprägt (z.B. Haloperidol)

Nikotinartiger Rezeptor (= n-Cholinozeptor): Acetylcholin-Rezeptor an der neuromuskulären Endplatte (Synapse zwischen Motoneuronen und willkürlicher, quergestreifter Skelettmuskulatur).

Opiat: Schmerzmittel vom Morphin-Typ (z.B. Morphin, Pethidin oder Heroin)

Parasympatholytikum: Wirkstoff, der die Wirkungen des parasympathischen Nervensystems inhibiert. Antagonist von Acetylcholin an den muskarinergen Rezeptoren (=Anticholinergikum, z.B. Atropin).

Parasympathomimetikum (Cholinergikum): Wirkstoff, deren Wirkung einer Aktivierung des parasympathischen Nervensystems entspricht. Direktes Parasympathomimetikum: Wirkstoff, der wie der körpereigene Neurotransmitter Acetylcholin an Muskarin-Rezeptoren gebunden wird und diese stimuliert. Indirektes Paraympathomimetikum: Wirkstoff, der die Wirkung von körpereigenem Acetylcholin durch Hemmung der Inaktivierung (Hemmung der Acetylcholinesterase) verstärkt (z.B. Pyridostigmin, Organophosphate)

Pharmakodynamik: Teilgebiet der Pharmakologie/Toxikologie, das sich mit den Wirkungen von Pharmaka oder Giften auf den Organismus beschäftigt.

Pharmakokinetik/Toxikokinetik: Teilgebiet der Pharmakologie/Toxikologie, das sich mit der Resorption, Verteilung und Elimination von Pharmaka oder Giften beschäftigt und insbesondere auch den zeitlichen Verlauf der Konzentrationen von Pharmaka oder Giften im Serum und in anderen Kompartimenten des Organismus mathematisch beschreibt.

Potenz: Wirkstärke. Als Kennzahl für die Potenz eines Wirkstoffs wird die Dosis oder die Konzentration angegeben, bei der 50% der maximalen Wirkungsintensität erreicht werden.

Rezeptor: Biologische Struktur (membranständiges oder intrazelluläres Protein), an das ein Pharmakon gebunden wird, das dabei auf den Rezeptor einwirkt, so daß eine biologische Wirkung resultiert.

Sedativum: Beruhigungsmittel (z.B. Diazepam). In höherer Dosierung Wirkung als Hypnotikum.

Sympatholytikum: Wirkstoff, der die Wirkungen der Überträgerstoffe des sympathoadrenergen Systems, Adrenalin und Noradrenalin, aufhebt. Unterschieden werden alpha-Rezeptoren-Blocker (z.B. Phenoxybenzamin) und beta-Rezeptoren-Blocker (z.B. Propranolol, Metoprolol, Atenolol).

Sympathomimetikum: Wirkstoff, deren Wirkung einer Aktivierung des sympathischen Nervensystems entspricht. Direktes Sympathomimetikum: Wirkstoff, der wie die körpereigenen Neurotransmitter Adrenalin oder Noradrenalin an alpha-oder beta-Rezeptoren gebunden wird und diese stimuliert (z.B. Dobutamin). Indirektes Sympathomimetikum: Wirkstoff, der die Wirkung von körpereigenem Adrenalin und Noradrenalin durch verstärkte Freisetzung oder reduzierte Inaktivierung verstärkt (z.B. Amphetamin, Kokain).

Anhang V-4
Glossar feuerwehrtechnischer und organisatorisch-rettungsdienstlicher Begriffe

Einsatzleiter: Führungskraft, die an einer Einsatzstelle den Einsatz leitet.

Einsatzleitwagen (ELW): Führungsfahrzeug der Feuerwehr mit fernmeldetechnischen Anlagen, die bei der Einsatzführung notwendig sind. In Abhängigkeit von Größe und Ausstattung: ELW 1 (Führung eines Zuges ohne Führungsgehilfe), ELW 2 (Führung mit Führungsgehilfen), ELW 3 (Führung größerer Verbände mit stabsmäßiger Führung).

Explosion: rasch verlaufende Verbrennungsreaktion, die mit Druck- und Geräuschentwicklung einhergeht.

Explosionsbereich (Zündbereich): Konzentrationsbereich (Vol%), in dem ein Gas-Luft oder Dampf-Luft-Gemisch gezündet werden kann. Unterhalb der unteren Explosionsgrenze (UEG) ist das Gemisch zu "mager" und oberhalb der oberen Explosionsgrenze zu "fett".

Fettexplosion: Herausschleudern von heißer (>100 °C) brennbarer Flüssigkeit durch Zugabe von Wasser, das in Wasserdampf übergeht und sich dadurch ausdehnt (1 l Wasser wird zu 1700 l Wasserdampf).

Flammpunkt: Niedrigste Temperatur einer brennbaren Flüssigkeit, bei der sich oberhalb der Flüssigkeit ein entflammbares Dampf/Luft-Gemisch bildet.

Gefäßzerknall: mechanischer Vorgang, der mit Druck-und Geräuschentwicklung einhergeht, und durch Erwärmung und Druckanstieg im Innern eines geschlossenen Behälters verursacht wird.

Gerätewagen: Feuerwehrfahrzeuge mit Geräten für besondere Einsätze.
GW-Atemschutz: Transport von Atemschutzgeräten.
GW-Chemieschutz, GW-Gefahrgut: Ausstattung mit Geräten, die für die Beseitigung von gefährlichen Stoffen bei GSG-Einsätzen notwendig sind.
GW-Strahlenschutz: Ausstattung mit Geräten zur Messung von Radioaktivität.

Hubrettungsfahrzeug (Drehleiter): zur Rettung von Personen aus größeren Höhen, zur Brandbekämpfung und zur Durchführung technischer Hilfeleistungen.
DLK 23-12: Drehleiter mit Rettungskorb (Nennrettungshöhe: 23 m, Nennausladung: 12 m)
DL: Drehleiter ohne Rettungskorb.

Krankentransportwagen: Rettungsdienstfahrzeuge zum Transport von Nicht-Notfallpatienten.

Löschfahrzeug: Feuerwehrfahrzeug zur Förderung von Wasser, zur Einleitung und Durchführung eines Löschangriffs, sowie zur Durchführung einfacher technischer Hilfeleistungen.
LF 16/12: Löschgruppenfahrzeug (Pumpe: 1600 l/min, Wasserbehälter: 1200 l)
LF 16-TS: Löschgruppenfahrzeug mit Tragkraftspritze
TLF 16/25: Tanklöschfahrzeug (Pumpe 1600 l/min, Wasserbehälter: 2500 l)
TroLF 750: Trockenlöschfahrzeug (750 kg Löschpulver).

Löschmittel: Geeignet ist Wasser (feste Brennstoffe), Schaum (insbesondere bei Flüssigkeitsbränden), BC-Löschpulver (brennende Gase und Flüssigkeiten), ABC-Löschpulver (brennende Gase, Flüssigkeiten und Feststoffe) und Kohlendioxid (insb. auch bei Bränden in elektrischen Anlagen).

Mindestverbrennungstemperatur: niedrigste Temperatur, die für ein selbständiges Weiterbrennen eines Brennstoffs nach Zündung notwendig ist.

Notarzteinsatzfahrzeug (NEF): Rettungsdienstfahrzeug (PKW), das zum Transport des Notarztes und entsprechender medizinischer Ausrüstung zum Einsatzort bestimmt ist.

Notarztwagen (NAW): Rettungswagen, der mit einem Notarzt besetzt ist.

Rendezvous-System: Einsatzform, bei der der Notarzt mit dem NEF und der Rettungswagen getrennt zum Einsatzort fahren.

Rettungswagen (RTW): Rettungsdienstfahrzeug, das zur Behandlung und zum Transport von Notfallpatienten ausgestattet ist.

Rüstwagen: Feuerwehrfahrzeuge zur Durchführung schwieriger technischer Hilfeleistungen (RW 1 - 3 abhängig von Ausstattung).

Schnell-Einsatz-Gruppe (SEG): Gruppe aus ausgebildeten Helfern, die bei einer Großschadenslage oder Katastrophe Verletzte versorgen oder transportieren kann.

Verbrennung: Oxidationsreaktion, bei der sich ein Brennstoff unter Wärme-und Lichtentwicklung (Feuer) (in der Regel) mit Sauerstoff , der in der Luft enthalten ist, verbindet.

Verbrennungstemperatur: Temperatur, die durch eine Verbrennungsreaktion entsteht. Die Verbrennungstemperatur ist abhängig von der Verbrennungswärme und der Abbrandgeschwindigkeit.

Verbrennungswärme: Wärmeenergie, die bei einer Verbrennungsreaktion freigesetzt wird (J/kg Brennstoff)

Verpuffung: milde Explosion

Zündpunkt (Zündtemperatur): niedrigste Temperatur bei der ein Brennstoff, oder ein Gas-Dampf/Luft-Gemisch, zum Verbrennen angeregt werden kann.

Teil VI
Literaturverzeichnis

Prinzipien der Therapie akuter Vergiftungen

Albrecht K: Intensivtherapie akuter Vergiftungen. Ullstein Mosby, Berlin, Wiesbaden 1997.

Baud F: Réanimation des intoxications aigues. Collection d´anesthésiologie et de réanimation. Masson, Paris, Milan, Barcelone, 1995.

Bremer F, Hörnchen U, Bartsch A, Schüttler J: Notfallmedizin direkt. Thieme Verlag Stuttgart, New York, 1996.

Engelhardt GH: Taschenatlas der notfallmedizinischen Techniken. Thieme Verlag, Suttgart, New York, 1991.

Harloff M: Intoxikationen: Welche Antidota sind im Rettungsdienst notwendig ? Notfallmedizin 1989; 15: 519-526.

Heinemeyer G, Fabian U: Der Vergiftungs- und Drogennotfall. Ullstein Mosby, Berlin, Wiesbaden 1997.

Henschler D: Wichtige Gifte und Vergiftungen. In: Forth W, Henschler D, Rummel W, Starke K: Allgemeine und spezielle Pharmakologie und Toxikologie. Wissenschaftliche Verlagsgesellschaft, Mannheim, Leipzig, Wien, Zürich, 1992, 747-841.

Keusch G: Sekundäre Dekontamination: Wann sind Hämodialyse oder Hämoperfusion indiziert? Therapeutische Umschau 1992; 49(2): 113-117.

Ludewig R, Lohs K: Akute Vergiftungen. Gustav Fischer Verlag, Jena, 1991.

Müller RK, Lohs K: Toxikologie. Gustav Fischer Verlag, Stuttgart, Jena 1992.

Mühlendahl v KE, Oberdisse U, Bunjes R, Ritter S: Vergiftungen im Kindesalter. Ferdinand Enke Verlag, Stuttgart, 1995.

Neuvonen PJ, Vartiainen M, Tokola O: Comparison of activated charcoal and ipecac syrup in prevention of drug absorption. Eur J Clin Pharmacol 1983; 24: 557-562.

Reichl, FX: Taschenatlas der Toxikologie. Thieme Verlag, Stuttgart, New York, 1997.

Schäfer SG, Maurer HH: Erkennen und behandeln von Vergiftungen. Wissenschaftsverlag, Mannheim, Leipzig, Wien, Zürich, 1993.

Schou J, Deklerk J, Scherb M, Kübler J: Antagonisierung in der Notfallmedizin. Intensivmed 1993; 30: 28-32.

Sefrin P: Vergiftungen. In: Sefrin P: Notfalltherapie im Rettungsdienst. Urban-Schwarzenberg, München, Wien, Baltimore, 1988, 423-473.

Vale JA: Primäre Dekontamination: Erbrechen, Magenspülung oder nur medizinische Kohle? Therapeutische Umschau 1992; 49(2): 102-106.

Velvart J: Gift im Haushalt. Erste Hilfe bei Unfällen. Verlag Hans Huber, Bern, Stuttgart, Toronto, 1991.

Wyss PA: Maßnahmen zur Beschleunigung der Toxinausscheidung über Leber, Galle und Darm. Therapeutische Umschau 1992; 49(2): 107-112.

Brandgase

Albrecht K, Grajetzki H, Unger U, Förster R: Akute Nitrosegas-Exposition als Ursache für das Inhalationstrauma des Respirationstraktes. Z Klin Med 1988; 43: 1411-1413.

Barillo DJ, Goode R, Esch V: Cyanide poisening in victims of fire: Analysis of 364 cases and review of the literature. J Burn Care Rehabil 1994; 15: 46-57.

Baud FJ, Barriot P, Toffis V, Riou B, Vicaut E, Lecarpentier Y, Bourdon R, Astier A, Bismuth C: Elevated blood cyanide concentrations in victims of smoke inhalation. N Engl J Med 1991; 325: 1761-1766.

Baud FJ, Richter F, Julien H, Bismuth C: Pre-hospital strategy for therapeutic intervention of fire victims. Toxicology Letters 1992; 64/65: 273-281.

Binder K, Hinterhofer O, Loidl D, Prosenbauer H: Zusammensetzung der Brandgase organischer Materialien im Wohnungsbau. Schriftenreihe Chemie Kunststoffe aktuell Band 5. Facultas Verlag, Wien, 1982.

Bismuth C: Haben Antidote eine Zukunft ? Das Beispiel des 4-Methylpyrazolons und des Hydroxocobalamins. Ther Umschau 1992; 49: 118-123.

Brauer L: Atemschutz.MI Verlag moderne Industrie, München, 1979.

Breen PH, Isserles SA, Westley J, Roizen MF, Taitelman U: Effect of oxygen and sodium thiosulfate during combined carbon monoxide and cyanide poisoning. Toxicol Appl Pharmacol 1995; 134: 229-234.

Cohen MA, Guzzardi LJ: Inhalation of products of combustion. Ann Emerg Med 1983; 12: 628-632.

Daunderer M: Dexamethason-21-Isonikotinat – ein Antidot gegen Lungenreizstoffvergiftungen. Erfahrungen aus der Notfallmedizin. Dtsch Apotheker Z 1986; Nr. 21: 1122-1124.

Daunderer M: Gas-Vergiftungen. Diagnostik und Therapie. Kompendium der Klinischen Toxikologie Teil III - Band 4. Ecomed Verlagsgesellschaft, Landsberg, 1988.

Dost FN: Acute toxicology of components of vegetation smoke. Reviews of Environmental Contamination and Toxicology, Vol. 119. Springer Verlag, New York, 1991, 1-46.

Engelhardt G: Effect of corticosteroids on the toxic pulmonary oedema induced by nitrogen dioxide inhalation in the rat. Drug Res/Arzneim-Forsch 1987; 37(I): 519-523.

Kaufhold F, Klingsohr K: Verbrennen und löschen. Verlag W Kohlhammer, Stuttgart, Berlin, Köln, 1996.

Knorr KH: Die Gefahren der Einsatzstelle. Kohlhammer Verlag, Stuttgart, Berlin, Köln, 1997.

Kulling P: Hospital treatment of victims exposed to combustion products. Toxicology Letters 1992; 64/65: 283-289.

Michal J, Mitera J, Tardon S. Fire and Materials 1976; 1: 160-168.

Möllmann HW, Barth J, Schött D, Ulmer WT, Derendorf H, Hochhaus G: Differentialtherapeutische Aspekte zum Einsatz von Glukokortikoiden nach Reizgasvergiftungen. Intensivmed 1989; 26: 2-15.

Pauluhn J: Modeling of toxicological effects of fire effluents: Prediction of toxicity and evaluation of animal model. Toxicology Letters 1992; 64/65: 265-271.

Prien Th: Die Inhalationsverletzung der Lunge. Anästh Intensivther Notfallmed 1984; 19: 161-167.

Purser DA: The evolution of toxic effluents in fires and the assessment of toxic hazard. Toxicology Letters 1992; 64/65: 247-255.

Salkowski AA, Penney DG: Cyanide poisoning in animals and humans: A Review. Vet Hum Toxicol 1994; 36: 455-466.

Spörri Richard: Lebensrettende Sofortmaßnahmen bei Lungenintoxikationen. Arzneimitteltherapie 1989; 7(1): 19-25.

Terrill JB, Montgomery RR, Reinhardt CF: Toxic gases from fires. Science 1978; 200: 1343 -1347.

Williams HL, Johnson DJ, McNeil JS, Wright DG: Studies of cobalamin as a vehicle for the renal excretion of cyanide anion. J Lab Clin Med 1990; 116: 37-44.

Woolley WD: Plast Polym 1973; 41: 280.

Wyman J, Pitzer E, Williams F, Rivera J, Durkin A, Gehringer J, Servé P, von Minden D, Macys D: Evaluation of shipboard formation of a neurotoxicant (trimetylolpropane phosphate) from thermal decomposition of synthetic aircraft engine lubricant. Am Ind Hyg Assoc J 1993; 54: 584-592.

Chemieunfälle

Bender HF: Sicherer Umgang mit Gefahrstoffen. Sachkunde für Naturwissenschaftler. VCH Verlagsgesellschaft, Weinheim, New York, Basel, Cambridge, Tokyo, 1995.

Bittger J: Großunfälle und Katastrophen. Einsatztaktik und Organisation. Schattauer Verlag, Stuttgart, 1996.

Bolt HM: Halogenierte Kohlenwasserstoffe. In: Marquardt H, Schäfer SG: Lehrbuch der Toxikologie, Wissenschaftsverlag, Mannheim, Leipzig, Wien, Zürich, 1994, S. 405-416.

Das R, Blanc PD: Chlorine gas exposure and the lung: A review. Toxicol Ind Health 1993; 9: 439-455.

Dekant W, Vamvakas S: Toxikologie für Chemiker und Biologen. Spektrum Akademischer Verlag, Heidelberg, Berlin, Oxford, 1994.

Dembeck H: Gefahren beim Umgang mit Chemikalien. Verlag W Kohlhammer, Stuttgart, Berlin, Köln, 1997.

De Silva HJ, Wijewickrema R, Senanayake N: Does pralidoxime affect outcome of management in acute organophosphorus poisoning ? Lancet 1992; 339: 1136-1138.

Eberle B, Bork K: Verätzungen: Notfallmedizinische Versorgung. Notfallmedizin 1992; 18: 408-416.

Eyer P: Gasförmige Verbindungen. In: Marquardt H, Schäfer SG: Lehrbuch der Toxikologie, Wissenschaftsverlag, Mannheim, Leipzig, Wien, Zürich 1994, S. 550-570.

Eyer P: Optimal oxime dosage regimen, a pharmakokinetic approach. In: Szinicz L, Eyer P, Klimmek R: Role of oximes in the treatment of anticholinesterase agent poisoning. Spektrum akademischer Verlag, Heidelberg, Berlin, Oxford, 1996,33-51.

Felleiter P, Lampl L, Bock KH: Massenanfall von Patienten nach Reizgasinhalation. Notarzt 1994; 10: 28-30.

Habermaier F: Chemie. Grundwissen für den Feuerwehrmann. Verlag W Kohlhammer, Stuttgart, Berlin, Köln, 1993.

Holzgrabe U, Bejeuhr G: Phosphorsäureester: Vergiftung und Therapie aus molekularer Sicht. Pharmazie in unserer Zeit 1990; 19(Nr. 6): 247-256.

Klingsohr K: Brennbare Flüssigkeiten und Gase. Verlag W Kohlhammer, Stuttgart, Berlin, Köln, 1996.

Koelle GB: Pharmacology of organophosphates. J Appl Toxicol 1994; 14(2): 105-109.

Koss G: Kohlenwasserstoffe. In: Marquardt H, Schäfer SG: Lehrbuch der Toxikologie, Wissenschaftsverlag, Mannheim, Leipzig, Wien, Zürich, 1994, S.369-404.

Nick D, Enders P, Marohl K: Insektizid-Intoxikation mit Cholinesterasehemmern: Eine notfallmedizinische Herausforderung. Rettungsdienst 1997; 20. Jahrgang, Nr. 3: 43-49.

Nüßler HD: Gefahrgut-Ersteinsatz. K.O. Stork Verlag, Hamburg, 1992.

Richter E: Aromatische Amine. In: Marquardt H, Schäfer SG: Lehrbuch der Toxikologie, Wissenschaftsverlag, Mannheim, Leipzig, Wien, Zürich, 1994, S. 492-503.

Sagunski H, Perger G: Biozide. In: Marquardt H, Schäfer SG: Lehrbuch der Toxikologie, Wissenschaftsverlag, Mannheim, Leipzig, Wien, Zürich, 1994, S. 439-480.

Senanayake N, Lakshman K: Neurotoxic effects of organophosphorus insecticides. An intermediate syndrom. N Engl J Med 1987; 316: 761-763.

Sidell FR: Clinical effects of organophosphorus cholinesterase inhibitors. J Appl Toxicol 1994; 14(2): 111-113.

Stark I: Insektizide und Nervengase: Vergiftung und Therapie. Chemie in unserer Zeit 1984; 18(3): 96-106.

Willems JL: Pralidoxime methylsulphate in the treatment of organophosphorus poisoning. In: Szinicz L, Eyer P, Klimmek R: Role of oximes in the treatment of anticholinesterase agent poisoning. Spektrum akademischer Verlag, Heidelberg, Berlin, Oxford, 1996, 69-73.

Zentralstelle für Gesamtverteidigung (Hrg): Technischer Behelf für den Schutz bei C-Ereignissen. "MET" (Modell für Effekte mit toxischen Gasen). Bern, 1991.

Chemische Kampfstoffe

Baze WB: Soman-induced morphological changes: An overview in the non-human primate. J Appl Toxicol 1993; 13(3): 173-177.

Biederbick WC: Wirkung ausgewählter Oxime auf isolierte Acetylcholinesterase menschlicher Erythrozyten gehemmt durch verschiedene phosphororganische Verbindungen. Dissertation, Medizinische Fakultät der Ludwig-Maximilians-Universität München, 1995.

Craig GK: US Army special forces medical handbook. Paladin Press, Boulder Colorado, 1988.

Daunderer M: Kampfstoff-Vergiftungen. Diagnostik und Therapie. Kompendium der Klinischen Toxikologie Teil III - Band 6. Ecomed Verlagsgesellschaft, Landsberg, 1991.

Dawson RM: Review of oximes available for treatment of nerve agent poisoning. J Appl Toxicol 1994; 14(5): 317-331.

Gouge SF, Daniels DJ: Exacerbation of asthma after pyridostigmine during operation desert storm. Milit Med 1994; 159: 108-111.

Hayes DP: Chemical-biological warfare: Medical logistics and defense. Milit Med 1991; 156: 321-327.

Helm UK, Renovanz HD: Klinisch-pharmakologischer Beitrag zur Intensivtherapie der Zinknebelvergiftung mit Glukokortikosteroiden. Therapiewoche 1975; 25: 5914-5915.

Katastrophenschutzvorschrift (KatS-Dv) 120: Geräteausstattungen aller Fachdienste, Teil A-D. Bundesamt für Zivilschutz, 1988.

Klimmek R, Szinicz L, Weger N: Chemische Gifte und Kampfstoffe. Hippokrates Verlag, Stuttgart, 1983.

Knudson GB: Operation desert shield: Medical aspects of weapons of mass destruction. Milit Med 1991; 156: 267-271.

Koplovitz I, Gresham VC, Dochterman LW, Kaminskis A, Stewart JR: Evaluation of the toxicity, pathology, and treatment of cyclohexylmethylphosphonofluoridate (CMPF) poisoning in rhesus monkeys. Arch Toxicol 1992; 66: 622-628.

Masuda N, Takatsu M, Morinari H, Ozawa T: Sarin poisoning in Tokyo subway. Lancet 1995; 345: 1446.

Shih ML, McMonagle JD, Dolzine TW, Gresham VC: Metabolite pharmacokinetics of soman, sarin and GF in rats and biological monitoring of exposure to toxic organophosphorus agents. J Appl Toxicol 1994; 14(3): 195-199.

Sipri (Stockholm International Peace Research Institute): Robinson JP, Heden CG, von Schreeb H: The problem of biological and chemical warfare, vol 2: CB weapons today. Almqvist & Wiksell, Stockholm, 1973.

Szinicz L, Kullmann R: Therapie der Vergiftungen mit hochtoxischen organischen Phosphorverbindungen. Wehrmed Mschr 1990; Heft 4: 190-197.

Szinicz L : Chemische Kampfstoffe. In: Marquardt H, Schäfer SG (Hrgs.): Lehrbuch der Toxikologie. Wissenschaftsverlag, Mannheim, Leipzig, Wien, Zürich, 1994, 571-588.

Szinicz L, Eyer P, Klimmek R (Hrgs.): Role of oximes in the treatment of anticholinesterase agent poisoning. Spektrum Akademischer Verlag, Heidelberg, Berlin, Oxford, 1996.

Yoshida T: Sarin poisoning in Matsumoto, Nagano prefecture. J Toxicol Science 1994; 19: 85-88.

Teil VII Sachverzeichnis

E

F

G

AUSSERGEWÖHNLICHE SCHADENSLAGEN MEISTERN

Bittger
Großunfälle und Katastrophen

1996. 189 Seiten, 78 Abbildungen, 14 Tabellen, kart.
DM 49,–/öS 358,–/sFr 49,–
ISBN 3-7945-1712-1

Der Rettungsdienst muß stets in der Lage sein, Großunfälle mit Schwerverletzten und Akutkranken rasch und sachkundig in den Griff zu bekommen. Zur Bewältigung einer solchen Großschadenslage gehören:

- eine klar strukturierte Hierarchie
- eine perfekte Organisation
- eine lückenlose Kommunikation

Nur so können Chaos und Panik an der Einsatzstelle vermieden werden. Vorrangiges Ziel muß es daher sein, die genannten drei Punkte personell und funktionell exakt festzulegen, um im Schadensfall rasch und effektiv reagieren zu können.

Der Autor zeigt aufgrund seiner langjährigen praktischen Erfahrung den besten Weg zur erfolgreichen Umsetzung der genannten Ziele. Ein unverzichtbares Buch für jeden, der im Rettungseinsatz tätig ist.

Aus dem Inhalt:

Großunfall und Katastrophe: Definition, Grundsatzfragen • Das Gefahrenabwehrschema • Sanitätsmäßige Organisation der Großschadenslage unterhalb der Katastrophe • Maßnahmen der Leitstelle und der Einsatzführungskräfte bei einer Großschadenslage • Maßnahmen der Krankenhäuser bei internen und externen Großschadenslagen • Andere Fachdienste und Einrichtungen, die im Großschadens- und Katastrophenfall mitwirken • Führungslehre • Grundlagen des Katastrophenschutzes • Taktische Ausbildung am Planspiel – eine Möglichkeit auch für den Rettungsdienst? • Das Patientenleitsystem • Kommunikationsmanagement bei Großschadenslagen und Katastrophen • Gefahrgutunfälle • Der ABC-Notfall • Maßnahmen der Einsatzführungskräfte bei einer Großschadenslage unterhalb der Katastrophenschwelle

http://www.schattauer.de